从三分钟热度到一万个小时

第一本兴趣管理书

【美】玛格丽特·罗宾丝婷◎著　刘怡女◎译
（Margaret Lobenstine）

企业管理出版社
ENTERPRISE MANAGEMENT PUBLISHING HOUSE

图书在版编目（CIP）数据

从三分钟热度到一万个小时 /（美）罗宾丝婷著；刘怡女译.
—北京：企业管理出版社，2015.7
书名原文：The Renaissance Soul
ISBN 978-7-5164-1087-5

Ⅰ.①从… Ⅱ.①罗… ②刘… Ⅲ.①成功心理—通俗读物
Ⅳ.①B848.4-49

中国版本图书馆CIP数据核字（2015）第143467号

书　　名：从三分钟热度到一万个小时
作　　者：（美）罗宾丝婷
译　　者：刘怡女
责任编辑：张　羿
书　　号：ISBN 978-7-5164-1087-5
出版发行：企业管理出版社
地　　址：北京市海淀区紫竹院南路17号　　邮编：100048
网　　址：http://www.emph.cn
电　　话：编辑部（010）68453201　　发行部（010）68701638
电子信箱：80147@sina.cn　　zhs@emph.cn
印　　刷：北京尚唐印刷包装有限公司
经　　销：新华书店
规　　格：166毫米×235毫米　16开本　印张15.75　203千字
版　　次：2015年9月第1版　2015年9月第1次印刷
定　　价：39.80元

目录

请问，当听到别人说出“我从小就立志做……”这种话时，你会不会嫉妒？

请问，虽然你迷上了太多事物，却始终没能在其中一件事上成为专家，对于自己这种“样样通、样样松”的状态，你是不是感到气馁？

请问，也许你已经成为某一方面或某一领域的专家，而别人也期望你下半辈子都待在这一领域，你会不会觉得受到限制？

请问，那些传授职场工作守则、为社会新鲜人提供建议的书籍里面，假如大力主张你应该确定一个爱好或者目标，你会不会感到很失望？

请问，当你乐于发展出多种兴趣而且不断改变你的兴趣，但家人或朋友却指责说：“你为什么就不能找出真正想做的事专心做下去？”这时你会不会觉得沮丧？

如果你对上述问题的回答都是“会”或“是”，就请你往下读！你很可能就是一个拥有“多面向发展能力”的“文艺复兴人”。或许你因为兴趣多样而活力旺盛，并因此改写了成功的定义。也很可能你正处于某种程度的挣扎之中，因为不是人人都能理解你的工作方式和爱好。请你先记住：有了本书的建议之后，你可以把自己的这种个性转化为利器，用它来活出一个活跃而充实的人生。

拜托，不要逼我做选择

什么样的人是拥有多面向发展能力的文艺复兴人？一言以蔽之，这种人在面临与事业或嗜好有关的问题时，最先想到的是："拜托，不要逼我做选择！"这种人比一般人更倾向于追求多种兴趣，而不是把自己局限在单一领域。这种人喜欢承担新的问题或情况，一头栽进去，直到把自设的挑战都完成之后，就带着新的兴致转向下一个兴趣。这些人是幸运儿，假如凡事都能自己做主，他们绝对不会让自己无聊太久。

然而有时候，一个多面向发展的人并不觉得自己幸运。虽然文艺复兴人在以前那段漫长而荣耀的历史中四处奔走，合纵连横，发明革新器械，写出伟大小说，领导军队打胜仗，但今日的文化通常硬要说这种多才多艺的人是有专注点的。刚开始找我咨询的客人，常坐在我办公室里的摇椅上叹着气说："我是怎么回事？为什么我没办法专心？为什么没有人懂我？"

◎案例：马尔西找不到一件事可以全心投入

马尔西是一家忙碌的医疗诊所的前台接待员。她结束了忙乱的一天后来找我。她迟到了，因为她的老爷车又出故障了，她得另外借一辆车。"我想来这里找你谈谈，"她告诉我，"我想多赚点钱。我想找到一项事业能够让我持续努力下去。我不能一辈子都在制作小儿科的门诊时刻表！我不想到我退休的时候变成一个流浪婆！"

我问马尔西她这一生还想做哪些别的事。她长篇大论地说了一堆。她大学时代忙得晕头转向，双修天文学和法语，也热衷于戏剧表演，并曾暂停学业到海外旅行一年。然后她去当保姆，好偿清为了旅行所借的贷款，然后她在一个跟百老汇隔了三大圈的剧场里担任工作人员，然后她去旅行社工作，然后……“你大概懂了吧？”马尔西说，“我爸妈向别人解释：‘噢，马尔西只是还没定下来。’他们已经说到烦了。他们说的是真的，我27岁了，还没找到一件能让我全心投入的事情。怎么会这样呢？我只要想到一种可能的事业，就会再想出其他两种可能。所以我不能锁定一个完美选择，反而把时间都花在没前途的工作上，就像我现在这份工作。”

◎案例：多才多艺是一种罪吗？

克雷格和马尔西不一样。35岁的克雷格发展了多项天赋，并没有逼迫自己只能选择其中一项。但是他觉得自己由于这种反传统的优异表现而遭到别人的排斥。我遇到克雷格的时候，他是个已有著作出版的诗人，还在当地一个受欢迎的乐团里担任团长。我们首次会面时，他表现得气愤不已，几乎吼叫着对我说：“我不懂。我拿出来的推荐信能让大部分人脸色为之一变。但就因为我做过许多不一样的事，就因为我的履历不同于其他人，昨天面试我的那个女人说我这种经历是大杂烩，不会有人想雇用我！我对于财务规划管理很有兴趣，但就算我说我愿意接受最基层的职位，大家还是要问我有没有在学校读过商业课程，或者我有没有做过销售工作。我说：‘在艺术界，每一个创作者都是推销员。’但他们就是不懂。我从来没有在初步面试之后得到进一步面试的机会。请问，多才多艺是一种罪吗？”

◎案例：生命不可能只是这样

吉姆拥有极为“可敬”的履历，但他也像马尔西和克雷格一样，在首次和我约谈时觉得自己陷入了困境。他身穿雅致的三件式西装，开了一辆闪亮的黑色凌志轿车，周身散发着成功人士的风范。他年纪轻轻便进入家族经营的建筑企业，展露了他在财务、建筑和人力资源方面的非凡天赋。我认识他的时候，他正经营着一个规模庞大的建筑集团。他即将迎来45岁生日，一切似乎都如他所愿。

只不过，吉姆现在不想碰工作。他不想再打电话找人，不想再管接下来要执行的五年计划，也不想再接电话。他的妻子很担心，要他来找我谈。

“老实说，我无聊死了！”吉姆终于脱口而出，“想到这辈子都得这样做提案、投标、兼并其他公司、跟别人洽谈、雇用人、开除人，我就觉得浑身都不对劲儿。我知道我对这些很在行，也知道大部分的人宁愿与我交换。但我不是他们。事实上，我觉得自己在做不适合自己的事。”

吉姆谈到他颇为享受事业开展的前五年，在那段时间他学着了解这一行，并培养才能——“不过，偷偷告诉你吧，我工作不到五年就感到厌倦了。我偶尔会觉得兴奋，譬如电脑蓝图印出来的时候，但基本上我知道自己已经失去活力了。那时我对农业绿色革命很感兴趣，也学了一点意大利文，我很喜欢学新语言！总之我想离开公司去做别的事。可是一个成熟男人不应该这样做。我认识的人都不会这样做。负责任的人也不会这样做。所以，我留了下来。

“但我快45岁了，我再也不想撑下去。家人认为我疯了才会放弃这些事业，但我的内心在枯萎。我的生命不可能只是这样，我还有太多的事情想去尝试。”

吉姆、马尔西和克雷格都不是特例，你也不是。你只有一个问题：你这种不愿意选择一条特定的道路坚持下去的状况，打从一开始就不应该被当成“问题”。我要再次叫你放心：**你想追求许多（而且是经常变化的）兴趣，这是你人格里最棒的特质之一。**本书将会帮助你认识你内在的文艺复兴灵魂，介绍你认识许多同类人物。本书会提供许多禁得起时间考验的方法，协助你驾驭你多种多样的兴趣，让你无论是想保有现有工作或是想转换新跑道，都能过得有滋有味。由于这类人经常会担忧：走出了传统的一步一步往上爬的职业生涯，最后会不会穷困潦倒？所以本书也将说明，如何以经济上可行的方式来培养你的多种兴趣。

用全新观点审视你的个人特质

我使用“多面向发展的文艺复兴人”（The Renaissance Soul）一词，是受到了历史悠久的“文艺复兴理想人类”这一概念的启发。14世纪早期到16世纪晚期的欧洲兴起了一股强调人类个性及自我价值的观念。在这之前的中世纪，主流哲学认为，个人存在的最高目的是为自己永恒的灵魂祈祷，确保死后还有生命，并接受尘世的宿命。但文艺复兴时期的思想家不再这样认为。文艺复兴时期对于个人潜力的迷恋，激发出一股志在探究与实验的精神。这时期的闪耀人物勇闯未知之境，尝试新形态的政府组织方式，针对植物、动物和自然元素进行科学研究，发明火枪与印刷术等新科技，艺术上的成就也达到了令人目眩神迷的高度。

文艺复兴时代要求世人成为一种能贴近时代精神的新人类。这个新理想缘于意大利建筑师暨艺术理论家亚伯提（Leon Battista Alberti，1404—1472）的著作，他大胆宣称“只要有心，人皆全能”。亚伯提称这类多才多艺的人为“Uoma Universale”，意即“全能之人”，但这个词在史籍中被称为“文艺复兴人”。说文艺复兴人“多才多艺，面面俱到”是低估了他们。**文艺复兴人需要发展出自己对于自然科学与哲学的理解（这项要求对大部分的现代人来说是一大难事），同时又要在体能、艺术追求和儒雅的交谈之道等方面有所成就。**

有些多面向发展的文艺复兴人（不论男女），确实体现了亚伯提所主张的“全能”。大部分人会先想到达·芬奇（Leonardo da Vinci，1452—1519）。不错，达·芬奇创作出了举世闻名的画作《蒙娜丽莎的微笑》和辉煌壁画《最后的晚餐》，他也研读了地理、水力学、音乐、雕塑和植物学。他还建造运河，并设计脚踏车、乐器、尖端武器与战斗器械。此外，他对人体解剖学的理解程度让人惊讶。

另一个绝佳例子是伊莎贝拉·德斯特女侯爵（Isabella d'Este，1474—1539）。这个文艺复兴人在丈夫死后继位为意大利孟杜瓦领主，展现出了杰出的政治天分。她还成立了一所青年女子学院，拥有令人惊叹的艺术收藏，能弹奏鲁特琴，会说希腊语和拉丁语。她写过将近两千封讨论政治与战争的信件，从内容来看简直可以称呼她为历史学家了，而这是她那个时代的女人只能向往却无从拥有的头衔。

还有英国政治家托马斯·莫尔爵士（Sir Thomas More，1478—1535）。他在宗教的召唤与政治生涯之间挣扎，而他做了现今我们这种人很自然也会做的事：他先做其中一项，再做另一项。他先在修道院隐遁了几年，然后现身，成为杰出的公仆。他担任伦敦的代理执行官，照顾穷人，协助解决羊毛交易争端，并在1517年发生于伦敦、因抗议外国人而引起的暴动事件中担任斡旋要角，平息了民众的怒火。另外，他出版了几本重要的翻译作品以及他的传世名著《乌托邦》（*Utopia*）。最后，莫尔由于反对亨利八世担任英格兰教会领袖而遭到砍头处死。他去世四年后，又扮演了一个新角色，在1935年由当时的教皇庇护十一世（Pope Pius XI）册封为圣徒。

虽然我们不是出生于文艺复兴时代的人，但能成为一个多面向发展的文艺复兴人。我最喜爱的个中典范，事实上是来自美国殖民地时代的本杰明·富兰克林（Benjamin Franklin，1706—1790）。他是画家、发明家、作家、外交家，并且融合了文艺复兴人的无穷好奇心与脚踏实地、相信有志者事竟成的美国精神。本书将经常提到他。

现代的文艺复兴灵魂

我十年前开始从事生涯规划及事业发展规划的咨询训练工作，那时我还不太了解富兰克林或达·芬奇这类高举文艺复兴理想的人。我会走入这一行，要追溯到当初我经营家庭旅馆，并以此为契机制订了第一个全国范围的家庭旅馆老板培训计划。为期一星期的课程结束后，我总会和前来上课的人员聊起为什么他们对家庭旅馆事业感兴趣。听过一个又一个前来实习的人说出心声，我觉得错愕。为数众多的人并不是认真看待家庭旅馆经营，而是把这事儿视为一个可以让他们逃避现实的梦：有人梦想着在最喜爱的度假景点开家小餐厅，有人想在城里某个奇巧的街角开家书店。我与他们谈论他们到底想逃避什么，他们的人生发生了什么事。我发现自己善于聆听，而且很能提出发人深省的问题，足以引发富有创意的对策。我开始梦想能从事生涯规划的辅导事业。1992年我结束了家庭旅馆事业，开始研究这个咨询顾问的新领域，而后挂牌正式开展咨询工作。

我的客户来自美国社会的各行各业：医生、律师、建筑师、作家、餐厅老板、治疗师、艺术工作者、针灸师、企业老板。其中有人只靠发送报纸的收入来糊口，有人则不论上班与否都能在每年元旦收到信托基金寄来的一笔金额可观的支票。但其中不少客户似乎都很难做出抉择，无论是要选择事业方向，或是在本职工作之外选择参加什么活动，他们都觉得困难。他们的问题感觉上比“我应该如何糊口”还要严重，而近乎是哲学问题甚至是关于存在的难题。“这样下去会有什么结果？”他们的语气中充满挫折感，“为什么我无法下定决心？要是我办得到，我的人生会轻松得多！”

这些哀叹在我听来非常耳熟，因为这些年来我也经常如此自问。我担心，我这样任性追求种种兴趣，将无法累积成果、没有能力养家。虽然我努力投入了一系列非常有趣但彼此之间毫无关联的事业，并因此赚得不菲收入，但我的这些担心不曾消失。我曾经甚至为了不想向不懂我的朋友解释为什么我又做了一次事业大转弯，竟然装病不赴约！因此，在我展开咨询顾问事业之后，当客户对我说话时，我会仔细聆听并提出问题。我渐渐从他们的说法中听出模式：他们追求自己多方面的兴趣，但身边亲友劝诫他们"选定一项，专心去做"，这给他们带来了压力。他们自己遇到的经济压力也让他们充满了挫折感。随着越来越多地听出这类模式，我所做的评估也就变得更大胆了。

"介不介意我做个推测？"我会问客户，"我来描述几项人格特质，然后你告诉我，这些描述像不像你。"我会说对方可以同时对好几件事感兴趣，然后会害怕自己一辈子困在同样的事业或活动中，而且有时候在挑战并完成了一项新任务之后会感到无聊。

"我就是这样！"客户通常会惊呼，"你怎么说得这么准？"我进一步描述这些人格特质，并且说明有多少人也有同样的特质。这时，坐在我对面的客户的神情就会放松下来，有人甚至因为太过兴奋而差点掉下椅子。我的说法显然触到了某些客户内心深处。他们很高兴地发现自己并非异类，世上还有其他很棒的人也和他们一样拥有这类人格特质，而那些人的丰富生命可以照亮自己的独特道路。

然后，我开始把这些人和我自己称为"多面向发展的文艺复兴人"。这个新名词帮助了像我在前面所提到的马尔西、克雷格和吉姆这类人，从正面角度重新界定他们的人格特质。凡是长久以来被贴上"半吊子"或"怪胎"，甚至"没出息"标签的人，不妨回顾文艺复兴时代的氛围，在那个时代，追求多种兴趣的人是备受推崇的。

这个概念扩散得很快，我感到惊讶，也觉得兴奋。新客户会对我说："我同事向我提过你。她说她儿子就是这种人，而我可能也是。她还说你可以帮助我们这样的人进步。”有些客户一听到朋友提起“多面向发展”的概念就大受吸引，对我说：“我终于找到一个词来描述我的感受了。”有些父母亲打电话找我，希望为他们的孩子买我课程的优惠券。我很享受这份工作，很喜欢协助这些拥有多面向发展能力的人离开低薪的工作，离开对多样事物都拥有热情却虎头蛇尾的模式，或者离开他们已觉得无聊的事业。不久我便创办了工作室，并开设了课程。我先是在麻州大学开课，很快便收到各种邀约，希望我向他们的公司或组织成员讲述什么是多面向发展的人才。来听我讲课的对象各式各样，既有波士顿成人教育中心的组员，也有悉达瑜伽基金会（SYDA Foundation）国际总部的生命咨询师。

这本书能够提供的协助

过去十几年来，我接触过几千个多面向发展的人才，并制定了许多策略帮助他们“解套”，发挥特质。我写这本书，就是为了分享我所发现的秘密。

本书第一部分，会引导你重新思考自己的个性，让你把自己看成是健康而充满潜力的人。这几章会反驳几项有害的观点，譬如很多人会说一个多面向发展的人注定穷一辈子，或者说这种人是无法专心、注意力不足的人。第一步是准备工作，它会带你找出自己内心深处最重视的东西。

第二部分会教你如何追求各种爱好，而不至于感到分身乏术。你会学到“选择”与“聚焦”这两者的区别，认识到“选择”会让人无法动弹，而“聚焦”可以让人自由。读到这里，一个多面向发展的人会对自己的新身份感到兴奋。

第三部分将会说明如何把你的热情转化成收入的一种来源，以及如何可以不必在每一次改变兴趣后都必须从最基层做起。这几章还会给出建议，让你知道如何向家人、朋友和同事说明你的状况（以及回答那个在所有社交场合都会出现的问题："你是做什么的？"）。此外，由于一个多面向发展的人可能比别人需要更多的教育或职业训练，也会有一章探讨该不该把时间与金钱投资在培训上面。

由于传统的生涯规划法不见得有利于多面向发展的人才，第四部分将会给出几种策略，让你展现你在专心、设定目标和管理时间方面的能力，而且这些做法能够顺应你的个性，不会要求你违反本性。本书最后，会针对那些在改变人生的过程中深怀恐惧的人，或是怀疑自己能否做到的人，提供额外的帮助。

以下要提供第一项工具。我根据多年的咨询和工作室经验，整理了一份测验。假如你做完这份测验之后还是不确定自己算不算是多面向发展的人，不妨先往下阅读第1章，我会详细描述这个概念。

历史上的多面向发展人才

以下这份简短名单收录的人，只是在历史中流芳百世的少数几个文艺复兴灵魂。

☐ 印和阗（Imhotep，约公元前3000年）：埃及人，建造阶梯金字塔的建筑师、大祭司、天文学家、经师，也是内科医生，他把古埃及的医疗知识以莎草纸编纂成册。

☐ 亚里士多德（Aristotle，公元前384—前322）：希腊逻辑学家、神学家、科学家、伦理学家、修辞学家。

☐ 阿尔哈森（Abu 'Aí ai-Hasan ibn al-Haytham，965—1039）：阿拉伯水利工程师、天文学家、光学家，他所发表的视觉理论直到17世纪还广泛流传。同时他也是艺术家。他令人惊艳的数学手稿复制品，现今仍在伊斯坦布尔展出。

□ 希尔德加德·冯·宾根（Hildegard von Bingen，1098—1179）：德国本笃会修道院女院长、前瞻思想家、神学家、教宗与国王的顾问，能作曲，并研读医学。

□ 玛丽·赫伯特女伯爵（Mary Sidney Herbert，1561—1621）：音乐及文学艺术活动赞助者、诗作的编辑与翻译、作家。她精通多国语言，包括法语、意大利语、拉丁语及希腊语。此外育有四名子女。

□ 达德利伯爵（Sir Robert Dudley，1574—1649）：英国航海家，制作了史上第一幅世界航海地图，也是数学家。曾经负责抽干意大利比萨斜塔外围沼泽的工程，还曾经出钱赞助私掠船出海打劫。

□ 杰斐逊（Thomas Jefferson，1743—1826）：参与拟定美国《独立宣言》。原是农夫出身的南方士绅，经营铆钉制造机买卖。当过外交家。创办了弗吉尼亚大学，并设计建造了弗吉尼亚大学的校舍与自宅“蒙提萨罗山庄”（Monticello）。担任过美国总统。他也是藏书家，他的藏书为后来美国国会图书馆的建立奠定了基础。

□ 南丁格尔（Florence Nightingale，1820—1910）：英国人，护士先驱，推崇医疗照护专业化，改革医疗卫生，她也是作家，兼统计学者。

□ 乔治·华盛顿·卡佛（George Washington Carver，1864—1943）：美国黑人化学家暨农学家，研发出代糖、美乃滋和即溶咖啡等多种产品。他还是教育家、商人、医疗工作者、艺术家、作家及社会改革者。

□ 丘吉尔（Winston Churchill，1874—1965）：带领英国赢得

风雨飘摇的世界大战。数篇演说成为当代最精彩讲辞。他也是画家，他的水彩画作如今悬挂在纽约大都会美术馆、华盛顿特区的史密森尼博物院和伦敦皇家学院。他还是诺贝尔文学奖得主。

□ 伍迪·格思里（Woody Guthrie，1912—1967）：美国歌手暨作曲家，为美国民歌界注入了新活力。他批评社会现象，当过军人、水手、漫画家、壁画家，撰写过传记，热爱搭便车旅行，还是个自学成才的哲学家。

文艺复兴人的五个特点

1. 可以同时对许多事感兴趣，往往难以在其中做出抉择。

2. 热爱新挑战，但在精通了那项挑战之后，容易感到无聊。

3. 害怕一辈子困在同样的事业或活动里。

4. 习惯于对多种兴趣迅速投入，有时候成绩不尽如人意。

5. 事业获得成功之后，会感到无聊或者焦躁。

多面向发展人才的人生可能

1. 每一次追求一种事业，逐一尝试不同的行业。

2. 建立“工作”式的事业，也就是找到一份可以让你结合好几种不同兴趣的工作。

3. 做两份可以同时进行，而且通常能互补的工作，例如在银行业工作兼任财经新闻记者，或者家庭主妇兼任某社会活动志愿者。

4. 保有一份领薪水的工作，而且这工作符合你的兴趣。

5. 追求一份能让你满足多种兴趣的单一事业。

你是一个多面向发展的人吗

请依据你的第一印象来回答以下问题：

1.你会因为好多种不同的主题而感到满腔热忱、兴奋莫名吗？□是 □否

2.你是否很难从两种兴趣当中选定一项？ □是 □否

3.你会不会自己打断自己，抛下未完成的工作，改做另一项？□是 □否

4.当你确实懂了某件事的做法，或者精通了一项工作之后，你会觉得无聊，想要尝试新事物吗？ □是 □否

5.你从小就对“长大后想做什么”这个问题有许多答案吗？□是 □否

6.朋友及同事会不会来找你询问各种事情，甚至超越你的职业领域，而他们很欣赏你能够把看似不相关的主题连接在一起的能力？ □是 □否

7.你想出了点子之后，是否宁愿授权出去或者另外雇人，由别人把点子落实？ □是 □否

8.你曾经说自己是“十八般武艺在身，样样通，样样松”，或是“半瓶水”吗？ □是 □否

9.书店或图书馆在你眼中是否像糖果店，每一个角落都陈列着充满吸引力的事物？ □是 □否

10.你很难回答“未来五年内打算做什么”这个问题吗？ □是□否

11.是不是有朋友曾经建议你去参加益智问答节目，因为你“对什么都知道一点”？ □是 □否

12.别人是否说过他们喜欢和你交谈，因为你对他们的计划与

活动都表现出热忱？ □是 □否

13.对传统的时间管理法与组织经营方式，例如长远计划或详细的行程规划，你是否持怀疑态度？ □是 □否

14.你上大学的时候，是否选择了跨领域的学科或者双学位？□是 □否

15.你是否在大学时专攻某一特定科目，但在毕业之后又进入了其他新领域？ □是 □否

16.在本职工作上大获成功之后，你是否觉得自己宁可做别的事，虽然你还不确定自己究竟想做什么？ □是 □否

17.某件事持续做一两年后，你会不会心痒，想改做其他事情？ □是 □否

18.家人是否曾经建议你“你应该定下来，在一个领域闯出名堂，不要一直转行”？ □是 □否

19.朋友或家人向别人提到你时，他们是否常说：“噢，他只是还没定下来。他老是想尝试不同的事。我希望他弄清楚自己到底志在何方，然后坚持到底！” □是 □否

20.你是不是不信任自己做决定的能力，因为你“一度确定”自己想成为X，也“一度确定”自己想成为Y，也“一度确定”自己想成为Z，而且还…… □是 □否

上述二十问之中，假如九个以上你回答了“是”，那么你就有“热情花心症候群”，你可以大声说自己是一个“多面向发展的人才”。然而一份简短的测验实在难保准确，假如你对三四个问题回答了“是”，而你回答的时候是抱着强烈的认同感，你也不妨通过本书更进一步地认识自己。

PART ONE

兴趣多元

并不是每一个多面向发展的人都能像富兰克林那样，把自己的多种兴趣发挥得淋漓尽致。有些人在这条长带上位居中间位置，兼具两端的特质；有些人其实也能像莫扎特那样专心致志。

多面向发展的人应该尊重自己对多种事物的喜爱，不必强迫自己只能选择其一。你喜欢这种兴趣广泛的生活方式，你也有权利享有这样的生活方式。

对于一个具有多面向发展能力的人来说，想培养专业能力，最可靠的方式是尊重自己的兴趣，而不是加以压抑扼杀。

对于一个多面向发展人才来说，“保障”意味着让生命能够顺应自己多面向发展的特质，而不是违逆它。

第1章 多面向发展的文艺复兴人

> 姐姐向我提到“多面向发展的文艺复兴人”这个概念时，我听了好兴奋。可是，后来我用这个观点向男友解释为什么我做事情会虎头蛇尾，他笑了笑说你只是懒惰。我也用这个观点向我那个当房地产经纪人的朋友珍妮解释为什么我不能像她一样，选定一个领域留下来。她说你不必再给自己加一个外号，你只要能做到自律就行。他们说的是对的吗？我该如何确定我是不是货真价实的多面向发展人才呢？
>
> ——崔西，25 岁

你做了前面的测验，判断自己是一个多面向发展的人，但你可能还是会有疑问：我并不拥有达 · 芬奇那样的才华，也可以算文艺复兴人吗？有没有可能我明明事业一帆风顺，却仍然觉得自己拥有许多种爱好与兴趣？你可能也想知道还有多少人拥有与你类似的人格特质，特别是如果你一直觉得自己格格不入，你会更想知道有没有人和你一样。你可能还会疑惑：为什么我的兴趣如此广泛？你甚至会觉得：为什么我还是感到孤单？这一章就带领各位深入探索什么是多面向发展的人。

从专注一种热情到兴趣广泛多元

把人类的各种兴趣想象成一条连续不断的长带，带子的左端是像莫扎特这类人。莫扎特3岁就立志当音乐家，百般恳求父母让他学钢琴，连游戏时间都在想象自己弹钢琴的样子。长大后，音乐伴着他吃饭、呼吸、入睡；他年纪轻轻就进入皇室宫廷演出，然后不断谱出精彩乐章，至死方休。莫扎特从来不需要读励志书籍或参加心灵成长课程来帮助他辨认自己的热情，或者协助他厘清自己这辈子该做什么。

至于这条长带的最右端，站着的是兴趣广泛而且不断改变兴趣的富兰克林。想象一下，富兰克林如果活在现代，他的朋友和家人对于他这样走马灯似的转换行业，会有什么反应？他在草拟美国《独立宣言》的过程中扮演了关键角色，亲友可能会期望他接下来在哈佛大学弄到一份终身教职。可是他对于风筝和钥匙的实验怀着奇特的迷恋，这该怎么办？他妻子可能会说，没关系，你要不要去麻省理工学院，在科学研究领域找一份稳定的工作？富兰克林不但没有这样做，还说他想出国研习法语和法国文化。朋友建议说，这样吧，你可以去联合国或贝立兹（Berlitz）语言学习机构工作。但是，等一下，他还打算设计邮局大楼、发明双光眼镜，并且出版他的大作《穷小子理查德年历》（*Poor Richard's Almanac*）。纵观富兰克林的一生可以发现，一个人生平的种种经历可以看似截然无关，最后他依然能被后人视为伟大的成功范例。（这个观点有助于调整你的亲友对你的看法。）

在我的研习课程上，我常把“富兰克林”当成一个多面向发展人才的简称，因为大多数人一听到这个名字就会想到一个多才多艺的亲善大使。学员也常会在课程中某个时刻告诉我：“我不是怪胎，我是‘富兰克林'。"他们脸上写满了欣慰和自豪。

不过，并不是每一个多面向发展的人都能像富兰克林那样，把自己的多种兴趣发挥得淋漓尽致。有些人在这条长带上位居中间位置，兼具两端的特质；有些人其实也能像莫扎特那样专心致志。例如麦特，他是杰出的哈佛医学院毕业生，但他舍弃了压力较大的波士顿教学医院的工作机会，选择当一个薪酬远远不及的乡村家庭医生，因为如此一来他才有时间从事其他感兴趣的工作。麦特乐于终生行医，可是他无法放弃骑马、打垒球、吹双簧管这些兴趣，以及其他各种有待完成的计划。麦特也是一个多面向发展的文艺复兴人。

多面向发展人才的三种特质

你也许比较接近中间位置，也可能像富兰克林那样站在最右端。但所有多面向发展人才都拥有三个共同特质，也许有人把这三项特质展现得比较明显，但多面向发展人才对于以下说明都会有种温暖的认同感和归属感。

◎特质一：喜欢多样事物，不愿只追求一样东西

这不表示这类人做事不专心！事实正好相反，当工作表现达到了巅峰，这类人就和神经外科医生一样全神贯注、注重细节。（对于一个碰巧担任神经外科医生的文艺复兴人来说，这可是一件好事。）只是这类人确实兴趣广泛，而且会用各种方式表达出他对其他事物的爱好。

许多多面向发展的人会同时从事好几种感兴趣的工作。我的客户卡罗琳以扮小丑为业，同时也是讲授犹太大屠杀和奥斯维辛集中营的历史老师。马克是大学生，主修经济与英文，副修钢琴演奏。此外，猜一猜

爱伦是如何将她对于城市历史、商业活动、纺织业和女权议题这些爱好结合在一起的？她有一部分时间带领欧洲观光客参加亚特兰大市里鲜为人知的趣味活动，其他时间则从事进出口贸易，销售土耳其妇女合作社供货给她的手工地毯。

有一个方法可以让人做到同时从事几种感兴趣的工作，那就是把几种兴趣结合在一个头衔之下，我称这个为“工作”。以唐恩为例，在把餐厅事业经营成功之后，他决定开拓第二事业。他妻子建议他接受社工训练，因为她知道唐恩有心帮助那些有发展障碍的孩子。唐恩的朋友听说他梦想有一天能参加攀岩和泛舟活动，便建议他以户外活动爱好者为对象，经营荒野旅游的生意。在社工和荒野旅游两者之间，唐恩选择了其中一项而放弃了另一项吗？没有。现在的他，在缅因州北部经营着一处露营地，同时与掏钱的顾客和出身穷苦的小孩一起从事户外活动。（本书后面会再次探讨“工作”这一主题。）

有些人以轮替的方式来从事多种感兴趣的工作。贝西喜爱园艺、编织和帮助人，于是她随着季节来轮换工作。冬天，她制作婴儿专用的编织物，并且在网络上出售。到了早春，她为老年人开设编织培训班，为手部患有关节炎的老人制作以魔术贴当扣带的编织物。从晚春到初秋，她的工作是负责教授牢狱囚犯户外园艺与造景。到了晚秋，她为老年人开设的编织培训班又要开始上课了。

还有些人一次只做一件事，一直做到他们心思转移到下一个兴趣，因此他们的每一种热情看起来都像精彩书本里面的一章。我访问过一个绝佳例子。鲍伯·罗迪当了七年空军飞行员之后，进入一家名列《财富》全球50强的企业担任营销经理，但十年后他对这份工作失去了兴趣。他在20世纪80年代投身于个人电脑产业，成为公司股东之一。后来他不断跳槽，目前在一家致力于全球商业规划的顾问公司当主管，同时潜心投入演讲及写作的新爱好。

多面向发展的人们，同时面对多样兴趣，不必担心究竟是该同时进行、轮流进行，还是依次进行；最重要的是应该尊重自己对多种事物的喜爱，不必强迫自己只能选择其一。你喜欢这种兴趣广泛的生活方式，而你也有权利享有这样的生活方式。

◎特质二：工作方式强调成长与发展，不按照计划死板行事

多面向发展人才偏好的工作方式并非按部就班，而是那种过程不可预测的方式。这类人不会像那些以学术研究为职业的人，一开始在学校里选择文科，接着主修英文，而后缩小为伊丽莎白时代文学，然后缩小到莎士比亚，再缩小到悲剧，到罗密欧与朱丽叶，然后继续缩小，钻研罗密欧与朱丽叶的对白，如此继续，直到他们确定博士论文主题为止。让其他人觉得心满意足的明确选择，却可能只会让这些人倍感束缚。

这种“不要拘束我”的感觉，可能无法被亲友理解，特别无法被那些爱提出“五年人生计划”的学校辅导室和职业生涯顾问理解。在这种五年计划中，你必须确实描述你希望自己五年后成为什么样的人，然后列出应采取哪些行动来达到目标，并且制订行动时间表。我得说，具备多面向发展特质的人，当然有能力制订长远计划并加以执行，但一般来说，他们讨厌受制于刻板的长远目标和行动规划。

多面向发展的人喜欢的是限制较少、能够成长进步的工作进程。这类人希望生活方式和计划可以容许他们改变方向、迎接新的可能性。他们喜欢往未知的方向延伸。我有个客户凯瑟琳，她开发了一桩协助个人与公司记录个人生命历程的生意。后来在2001年9月11日，恐怖袭击悲剧发生了。凯瑟琳和许多人一样，感到自己有责任协助受害者。所以，凯瑟琳现在的工作是什么呢？她追随内心使命感的召唤，领导了一个全国范围内的志愿者组织，为9 · 11事件的受害者记录他们的生命故事。她没有死守既有事业，走在固定的道路上，反而在环境改变后，把先前的工

作经验转变成一种全新的面貌。

若要给一个多面向发展人才的人生轨迹做个类比，我不会将其比喻成奔驰在高速公路上或者登山这一类的传统说法，而是比喻成一棵向四面八方伸展枝叶的树：有些树枝会重叠，有些树枝会交缠，有些则只管欢欣地迎向阳光。

这种有机过程也可运用在日常生活中。如果可以选择，一个多面向发展的人宁愿被自己的活力束缚，也不想受制于行程、日程表或者“必做事项”清单。我们或许会在日程表里写下应做事项，例如周四早上要上图书馆或者要做研究，然而到了周四，如果有兴致做研究就去做得有声有色；万一提不起劲儿，便转而去遛狗、去找客户聊天、为各种文件设计新的归档系统，或者去找其他一万种我们觉得有趣又值得做的事情里的其中一件。就算这种随性而为的方式偶尔会让这类人感到受挫，但许多文艺复兴人就是这样过日子的。

◎特质三：所谓成功，是指征服了挑战，而不是爬得多高

你可能知道什么叫作“学习曲线”，你也知道一个人需要多长时间才能掌握新知识、征服新的挑战。刚开始学习一件事时，学习曲线会陡然上升，随着你逐渐了解新环境或者认识这件事，这个学习曲线会渐趋平缓。过了曲线最高峰后，学习就变得较为轻松，你的效率和生产力随之提升。

大部分人会害怕那段攀爬学习曲线高峰的艰难时期，但多面向发展的人可不会害怕！这类人在学习新事物和发掘事物运作方式的时候，最为全神贯注。这类人真心喜爱挑战，而且对于“成功”和“完成”持着与别人不同的看法。一旦解决了某个问题，这件事就算完成，然后他们就准备去解决其他问题了。但有些多面向发展的人会受制于别人对成功的定义，譬如建筑公司的老板吉姆。吉姆的家人和同事认为，他已经爬

到了商业界的顶端，照理说他接下来应该享受成功带来的惬意才对，何况他当初费了好一番功夫才爬上最初的几级阶梯。但是对吉姆来说，他最回味无穷的日子正是那段初创时期，那时候他全身的每一个细胞都充分投入其中。

这种对新挑战的热爱，使得多面向发展人才在获得成功之后，会选择改变而非延续成功。大部分人假如拥有一家鞋店，经历多年打拼、员工流失与仓储危机，终于大发利市后，他们会怎么做？他们可能会延续既定做法，也可能会松懈下来，沿用惯例来经营现有店面，也许会建立连锁店，让每一家分店沿袭本店的风格。但一个多面向发展的人会怎么做呢？来我这儿参加学习的人都会脱口而出："把它卖掉！找别的事来做！"我常想，"经历过就不想再做"这句话可能就是这种多面向发展的人说出来的。

有些人很幸运，及早就知道了这一点，因此不会在已经黯淡的事业上耗费多年。安妮来我这儿上第一堂咨询课时，她有一份酒席宴会的餐饮外烩工作，名利双收、行程满档。她同事鼓励她继续承接更大规模的宴会，或者开一家外烩餐厅，专卖最受顾客欢迎的菜式。在同事们看来，成功指的是延续与扩张。但安妮想到要这样继续下去就觉得很无聊。她思考这一行业的哪些环节对她来说最为困难（物流、用人、菜单设计），然后觉得一切应该到此为止，她再也不想做同样的事了！安妮渴望新的冒险，于是她离开了餐饮行业，为一家大型的字典出版社担任国际业务代表。

不是每个人都能理解你为什么会渴望新挑战。面对他们的疑问，你可以以达·芬奇为例来提醒他们：假如达·芬奇生于现代，他可能会被看成一个失败者，因为他的画作《最后的晚餐》并未完成，而且他虽然画出了直升机的草图，却没有把他构想中的飞行器做出实际模型，测试销售渠道，然后把售价提高50%卖给大众。一个非常勇敢的人才有办法重新定义成功，这在今日金钱至上的时代尤其如此。

有关多面向发展人才的五个误解

我有个客户罗伯特，第二次来找我时显得局促不安，紧张得把嘴唇抿成一条线。我见状颇为担心。因为罗伯特第一次来找我谈的时候，差点中途离开，因为他急着告诉妻子，他那些“莫名其妙”的行为——譬如他从建筑学院转系改读商业硕士课程，以及热爱在纸上设计新奇玩意儿，却没兴趣投入实际制造生产——其实很可能会为他带来金钱与名声。

罗伯特说，他上次回家之后，确实以满腔热情向妻子莎拉说明什么叫作多面向发展的能力。结果他老婆回答：“哦，我懂了。你得了‘注意力丧失症’。”于是这会儿罗伯特坐在我面前，显得泄气而焦虑。

罗伯特没得注意力丧失症，但他的确遭遇了多面向发展人才经常面临的困境：他碰上了一般人对于一个怀有多种兴趣的人常有的错误观念。为了帮助你彻底了解你内心的文艺复兴灵魂，不妨先了解以下有关多面向发展的几点误解。

误解一：多面向发展，是注意力丧失症

注意力丧失症（正式名称为“注意力缺陷多动症”，Attention deficit hyperactivity disorder）绝不应该与健康的多面向发展行为混为一谈。罹患了注意力缺陷多动症的人无法集中注意力与控制冲动，也无法聚焦或坐定。这种心理疾病迥异于追求多种兴趣的渴望。注意力缺陷多动症患者的冲动，也完全不同于一个具备多种兴趣的人在征服一项挑战后便放手的理智选择。注意力缺陷多动症可能会影响任何一种人，无论他是兴趣

极端集中还是极端广泛。事实上，全世界最早开始研究注意力缺陷多动症、著有《分心不是我的错》（*Driven to Distraction*）的爱德华·哈罗威博士（Edward Hallowell），竟说莫扎特患有注意力丧失症！

误解二：多面向发展的人比较优秀

你的多面向发展趋势展现出你人格里的某一重要特质，但不是你人格的全部。说你是一个多面向发展的人，不表示你做事情一定干净利落或者一定杂乱无章；不表示你会在缴税期限之前三个月就整理好税单，或者你总是过了缴税截止期限还拖拖拉拉。专注于一项事物的人并不比兴趣广泛的人更有才智、更出名、更成功、更健康，或者更惹人喜爱。

误解三：多面向发展的人都是天才

许多客户问我："我怎么可能是一个文艺复兴人？我又不是天才！"我会这样回答：最有名的多面向发展人才，的确都是像达·芬奇或富兰克林那样的天才，但他们之所以会闻名于世，确实正是因为他们是天才，是人类充分发挥潜能的显赫范例；然而我们也听过像莫扎特之类终生追求一项事业的人，他们也是人类充分发挥潜能的显赫范例。多面向发展的人不需要表现非凡，不需要精通每一项他们所投入的爱好。我们不会期望每一个与莫扎特站在同一端的人都是神童。

误解四：多面向发展人才的脑子里有自我逃避机制

我们都认识几个靠着保持极度忙碌来逃避自身问题的人。他们把一天的时间都排满，不让自己停下来，没有丝毫时间正视生命中的艰难挑战。也有人逃避做出选择，只因为他们害怕犯错。

这样的行为，与多面向发展能力没有特别的关系。像你这样拥有多种热情的人之所以难以做出抉择，不是在逃避自身问题。你会犹豫不决是因为许多事物看起来都颇吸引你，也因为你享受多重挑战。你是出于好奇与活跃的天分才会投入许多爱好。不过，我有许多客户或客户的家属会纳闷儿，拥有十八般武艺算不算“自我逃避机制”。事实通常正好相反。假如你身边都是像莫扎特那样专心致志的人，那么你就需要勇气与清晰的见解才有办法辨认出你拥有一个多面向发展的灵魂。

误解五：多面向发展人才都是跳槽大王

你可能认识几个像艾力克斯这样的天生商人：他从小摆地摊，然后读到MBA，认识他的人都知道他会走销售这一行。他也的确走入这一行，但他使了很多险招。他在七年里换了四家公司。为什么？其中两次，他是因为读到了文章报道他所处的公司的市场占有率正在下降。另一次是因为他服务的公司被吞并，整个销售团队遭到解雇。还有一次是人力公司找上他，他受到吸引，接受了其他待遇更好的工作。

艾力克斯既有天分也有野心，但他并不是一个多面向发展的人才。他和这年头许多人一样，无意扮演忠实员工这样的老套角色，他视自己为自由个体，伺机跳槽，寻找更绿的草地，但他仍留在销售领域。可是，一个拥有多重热情与兴趣的人，不仅是为了赚钱机会而跳槽，还是为了跨足新领域而改变。

文艺复兴人——从丑小鸭到天鹅的华丽转身

上述几种误解广为流传。这是因为没有一个明确的角色典范可以用来代表多面向发展人才的特质。

当我面对彷徨失措的文艺复兴人，听到他们呐喊“为什么我觉得如此孤单”的时候，我都会提起安徒生的一个童话《丑小鸭》。这个童话故事说，有一枚天鹅蛋不慎被放在鸭巢。这只小天鹅渐渐成长，身边都是鸭子，没有成年天鹅可供它模仿，它只好拼命学做鸭子。但鸭子们认为小天鹅是失败品，它们觉得长颈白躯的生物就是不对劲儿。可怜的小天鹅觉得自己又丑又怪，无药可救，直到某天它发现有一群天鹅从头顶飞过，这才改变了它对生命可能的看法。“丑小鸭”的缺陷，顿时被认可为正常天鹅所拥有的长处。

这个引人入胜的故事是重要的一课。那些专注于单一特定兴趣或者绕着同一个职场轨道运转的人，在我们的文化里通常被看成适应良好的鸭子，而那些乐于投入多种爱好的人，就像是格格不入的天鹅。一个具有多面向发展特质的人，一旦被投以负面看法，可能会一辈子都批判自己、怀疑自己。除非你能和故事里的小天鹅一样，有机会目睹其他和你一样追求多种兴趣的同类人，否则你可能到老都自认一无是处。

前面已经提到历史上几位多才多艺的典范，但假如再以近年活跃于世界舞台的人物为例，对你会格外有帮助。有位女士的经历包括如下成就：

曾在加纳和埃及担任记者。

曾为当红歌手谱曲，例如发起众多美国知名歌手演唱《四海一家》的黑人歌手贝拉方特（Harry Belafonte）。

为满堂听众授课，出现在无数谈话节目中。

曾参与影视及舞台演出。

曾获美国国家图书奖与普利策奖提名。

曾与小马丁·路德·金博士（Dr.Martin Luther King，Jr.）共事，争取公民权利。

她能演唱爵士歌曲。

她有大学教授资格，教授“美国研究”（American studies）。

曾在歌剧《乞丐与荡妇》中演出舞蹈。

能说八种语言。

享有美国桂冠诗人声誉。

她是谁？她是黑人女作家玛雅·安吉罗（Maya Angelou）！她告诉世人的话，也是一只天鹅传递给其他天鹅的智慧："我们提了给年轻人帮倒忙的建议，告诉他们'小心，不要变成十八般武艺样样不通的人'。我没听过比这更蠢的话。我认为你可以十八般武艺样样精通，假如你认真研究、投注相当的学识与活力，以及相当的热情，你就做得到。"

这世界由于玛雅·安吉罗对多种兴趣的热切追求，而变得更好一点点。和她一样的人还有很多，譬如唐恩（经营餐厅成功后，投入野外营地事业开发）、贝西（轮流从事编织、园艺、指导老人编织）、爱伦（身兼毛毯进口商、城市旅游向导、女权运动人士）。本书会特别指出那些称得上角色扮演典范的现代文艺复兴灵魂，希望他们的生活方式能让你明白，你的诸多天分是上天赋予的，若你能充分驾驭自己多面向发展的特质，便能拥有更加丰富的生命。

第2章　文艺复兴人最常出现的四个疑虑

假设前一章所说的三个特质如实描述了你面对工作与其他活动的状态，你便了解，虽然自己跟鸭子一起生活了好些年，却原来是只天鹅。这时你不就可以自豪地抖开柔软的羽毛，向世界宣布你的真实身份？

嗯，是可以这样没错。来参加我课程的人，经历了兴奋与认同感之后，接着会安静下来，然后传出深深的叹息与一阵叽叽喳喳："话是这样说没错，但是……"对此我一点都不意外。打从幼儿园老师善意询问"你长大后想做什么"起，我们就被限制住了，以为长大后只能成为某一种人。你可能会投入几年或几十年时间，想找到你的最好归宿（或至少是一份薪水不错的工作）。观点不容易改变，即使新的观点更能够让你志得意满，你可能还是有诸多疑问。接下来我们就来看一看多面向发展的人们最常产生的四个疑虑。

疑虑一：现在再重新开始已然太迟

刚刚找到自我认同的文艺复兴人，最典型的悲叹是："为什么我没能早点认识自己！现在才要开始追寻各种兴趣已经太晚了。"有趣的是，发出这种怨叹的人遍布各个年龄层。在我的研习课堂上，二十多岁的学员感伤地反省他们在大学浪费了时间，只专攻一项主修科目，追求单一梦想或事业。我一问起，他们会说："现在才要开始追求我的各种兴趣，我需要先学这个（或者找出那个），但现在才做这些又太迟了。我花了四年读大学，又花了三年在基层工作上。"那些三十多岁、四十多岁和五十多岁的人则对着社会新鲜人叹息："但愿我刚毕业的头几年就有这种课程可以上。"他们说："现在才要涉足新事物已经太晚了。"退休人士则对中年同事投以羡慕的眼光，咕哝着："要是我在你们那个年纪就了解什么叫作多面向发展，我的成就可不只是这样。"

其实，你所拥有的时间比你以为的更多。请花几分钟完成以下练习——"我还有时间"。这份练习没办法额外给你几年寿命，但它可以让你得到一个数字，让你知道你还拥有多少时间。对许多人来说，这项练习有如一记当头棒喝，让他们可以全心享受身为一个多面向发展人才所面临的挑战。

我还有时间

1.写下你预期活到多少岁：__________ (A)

2.写下你现在的年龄：__________ (B)

3.把A数字减掉B数字，得到：__________ (C)

4.再次写下你现在的年龄：__________ (D)

5.把D数字减掉C数字，得到：__________ (E)

这道数学题与你还有多少时间有何关系？C数字显示你还有多少年可活；为了让这个数字更具意义，请看最后一个数字E（有可能是负数），它是从另一个角度看过来的。假如E数字与你现在的年纪相当，便表示你还拥有的余生岁数是你已活过岁数的两倍之多。

让我们来看看芭芭拉的例子，她今年44岁。

1. 写下你预期活到多少岁：80 (A)
2. 写下你现在的年龄：44 (B)
3. 把A数字减掉B数字，得到：36 (C)
4. 再次写下你现在的年龄：44 (D)
5. 把D数字减掉C数字，得到：8 (E)

这样一计算，芭芭拉还有36年可以供她去追求多种兴趣。“挺有意思。”芭芭拉可能会这么说，但态度无所谓。那么我们就请芭芭拉注意最后一个数字。往前看，芭芭拉还有36年岁月；而往后看，36年前她只有8岁大，还是个三年级的小学生！想想看她从8岁起学了多少事物，做了多少事：乘除法、文字、学习美国历史、校外教学、培养各种爱好、兼职工作、人际关系。芭芭拉从8岁至今所得到的经验、磨炼的技巧，多得无法计数。这道算式的启示是：芭芭拉有的是时间去体验学习新事物，可以做她从8岁到现在的这段岁月当中所做过的事。

有人的数字E是负数吗？来看一下刚完成研究生学业的约翰所做的这个练习。

1. 写下你预期活到多少岁：85 (A)
2. 写下你现在的年龄：26 (B)
3. 把A数字减掉B数字，得到：59 (C)
4. 再次写下你现在的年龄：26 (D)
5. 把D数字减掉C数字，得到：−33 (E)

约翰计算出他还有59年的余生。若倒回去算，59年前约翰还没出生，事实上他那时是负33岁。换句话说，他在出生前就已经有33年可“挥霍”了！

最后来看伊莲的问卷，她现年64岁：

1. 写下你预期活到多少岁：88（A）
2. 写下你现在的年龄：64（B）
3. 把A数字减掉B数字，得到：24（C）
4. 再次写下你现在的年龄：64（D）
5. 把D数字减掉C数字，得到：40（E）

伊莲还有24年的余生。我问她，回想40岁的时候，感觉是很久以前的事吗？“我的天，”她说，“久得我快记不得了！那时候我有一个女儿在读高中。我还没开始上绘画课。不，那时候我在学意大利语！”

“万一我没能活到88岁呢？”伊莲反问。所以她决定把预期寿命减少10年，使E数字变成50岁。她50岁以后都做了些什么？她50岁的时候是否觉得追求任何新事物都已太晚？“我50岁那年生平第一次上水彩课，而且我乐在其中！那时我还考虑报名社区大学的文学创作班。”

伊莲还有一个顾虑：“万一我生病呢？”很多人也会这么问：“万一我开始走下坡路呢？”为了安全起见，她又减了几年预期寿命，考虑了生活不能自理的状况，使A数字变成73岁。就算如此，她仍然有9年时间完成所有计划。

但伊莲一脸忧虑，因为比起之前的答案，9年显得微不足道。我建议她换个想法。9年等于468个星期。一段长假期有多久？两个星期？4个星期？暑假有10个星期。假如伊莲突然得到468个星期的休假，她不觉得自己有充分的时间发掘兴趣吗？这就像拥有50个暑假来开发自己的潜力！

你真该看看伊莲这时的表情。

那么你呢？在数字E的那个岁数以后，你做了哪些事？你是否读了大学、服过兵役、建立家庭？学会打字与上网？自己种菜务农？自己经营一门生意？参加教会、工商联谊会？加入舞团、政党或写作团体？因学习乐器或外国语言而得到乐趣？切记，你现在的年龄与你的预期寿命之间的相隔时间，等于你的现龄与最后一个答案之间的相隔时间。无论你现年多少岁，你都有时间让你的多种兴趣与热情为你带来美好生命。

你可能像伊莲一样，担心你的E数字失准，未能反映你晚年生病与生活不能自理的可能。如果你担心这一点，大可据此减少预期寿命。但不要误以为“老年就等于生活不能自理”。谁能确定你什么时候一定开始“走下坡路”呢？爱尔兰诗人叶芝（W.B.Yeats，1865—1939）在73岁发表《最后诗作与两部剧本》，那时他在走下坡路吗？米开朗琪罗72岁开始设计圣彼得大教堂的拱顶。一个九十多岁的制琴师，制作出两把最受推崇的意大利史特拉底瓦里小提琴。海伦·凯勒到了75岁仍有精力出版《老师》一书，记录安妮·莎莉文（Anne Sullivan）如何帮助她克服失明与聋哑。意大利歌剧作曲家威尔第在74岁时谱出歌剧《奥赛罗》，80岁时谱出《法斯塔夫》。

还有一位“本田甜心”，这位80岁的密歇根女士，在1989年时骑摩托车的里程达到2800公里。她57岁开始学游泳，一心认为人不应该只是坐着，而要向外寻求、回应新挑战。

难免有学员会说：“游泳或骑摩托车也许不难做到，但万一我想当医生呢，可能吗？”想达到野心勃勃的目标，例如获得医学博士学位，方法有很多种。有些职业确实是有年龄限制的：任何超过15岁才穿上第一双芭蕾舞鞋的人，大概不可能进入芝加哥市立现代芭蕾舞团。若你超过45岁，我打赌你过不了美国职篮联盟训练营的第一关。

但许多伟大的梦想还是能出乎意料地实现。想想罗伯特·洛派亭的例子。他父亲是服饰制造商，他大学时代便知道自己将继承家族企业。尽管他梦想进入医学院，但他主修的仍是社会学，并攻读西班牙语、法语和艺术史。他继承家族企业后，搁置了这些兴趣。直到1992年春季，他离开了已经营成功的企业。他一面寻找新方向一面选读微积分和莎士比亚课程，然后在那年夏季前往比利时参加考古挖掘。挖掘结束的那个星期天，罗伯特到瑞士参加了一场婚礼，与一名医学院学生攀谈，由此点燃了他过去的热情。他知道自己该做什么了：他想当医生。这位曾与父亲共同建立上亿市值服饰公司的48岁男士，展开了迈向医学院之路。他在58岁成为住院实习医生，每周工作80～100小时。现在，有些病患会向他吐露他们不便告知年轻住院医生的症状。

冲口说出“现在做太迟了”，只会使你无法尽情享受你的所有热情！

生理时钟与退休纪念金表

你在任何年龄都可能会觉得自己“太老了”。有几个族群特别可能说出这种话。

三十多岁到四十多岁的女人，很容易因为青春逝去而感到格外恐慌。生理状况逐渐走下坡路的她们，才正要迈入一生中最精彩、生产力最高的岁月。尽管她们嚷着想再享受几十年的探索，却也有许多人违背自己的话，告诉我：“等我最小的孩子从高中毕业，我的人生高峰期差不多就过了。”或者说：“是呀，现在我终于有机会做自己了。我最好别搞砸。”

为什么女人比较早觉得时光磨人？这是因为女人一向被教导成把养儿育女当作她们最主要、可能也是唯一的任务。把小孩生下来，抚养小孩到他们能独立，通常是女人在世上留下印记的唯一方式。结束了养儿育女的岁月，犹如结束了女人生命中具有生产力、有用的部分。她的工作结束了！这样的观念现在已有改变，大部分的人不再做如是想。但那种"时间到了"的感觉，好比苦恶的余味徘徊不去。有些女人在理智上了解自己还有数十年人生，可是在潜意识里认为必须把握时机。如果不能快点想出这辈子要做什么，就会毁了最后一次把事情做对的机会。

假如说40岁生日对女人的打击最大，那么对男人而言，打击较大的年纪是50岁。西方文化认为，男人到了50岁应该处于成就高峰期，一只手正紧抓阶梯最上层的一阶。若说女人害怕听见生理时钟逐渐微弱的嘀嗒声，那么许多男人在这个年龄倾听的是另一种声音——传说中退休庆祝会上将会赠予的手表正上紧发条的声音。他们或许会大谈退休后还有好一段时间可全速起航，但内心深处认为，职业生涯的最后十年或十五年才是他们真正能做大事的时机。

如果一名五十多岁的男人决定追求他最后的也最炽热的兴趣，他勇敢求变的行为通常会被贬抑为"中年危机"，他会成为笑柄，别人笑他妄想赢得三妻四妾与敞篷跑车。他若为了改变而放弃地位或薪水，会让人跌破眼镜，很难得到足够的支持或理解。大部分男人在思考如何发展自己的多种兴趣时，都预见了这类不友善的反应，这更令他们感受到时间的压力。

这两个族群若能认清自己的焦虑来自何处，通过理智加以检验之后，对时光流逝的恐惧便会逐渐消除。

疑虑二：我不要“样样通，样样松”，而只是想成为某方面的专家

你没听过那句“样样通，样样松”的讥讽吗？我们通常认定，一个人假如热衷于单一事物，表示他专心致志。你或许还记得迪士尼经典电影《飞天老爷车》里，那名狂热的科学家全神贯注于他发明的飞行橡皮，以致两度忘记参加自己的婚礼。一个作家待在小阁楼里，投注全部心神，忘却寒冷，不愿为了啃硬面包而打断泉涌文思。这类形象隐含着一个概念：必须排斥其余一切，才能做到专心致志；为了追求某项兴趣，必须放弃其他所爱。

然而，事实绝非如此。拥有多面向发展特质的人，不仅兴趣广泛，通常也能够同时对几种兴趣投入相当程度的热忱。以我的客户艾萨克为例，他发现，轮流从事几份与不同的兴趣有关的工作，可使他对每一项兴趣都维持高度的热情。他说：“我喜爱雕塑，也喜欢经由销售作品来结识那些对我的作品有兴趣的鉴赏家。但雕塑与销售是两种截然不同的兴趣。所以我会花几个礼拜的时间完全投入雕塑，在我的工作室生活、饮食，甚至偶尔睡在那里。然后我再花几个礼拜的时间完全在外打拼。当然，做生意总有琐碎的事情要处理，比如账单什么的。若你看到我处理这些，你会觉得我是天生当秘书的料。我把那段时间当作先前两项活动之间的休息，这两项活动都相当耗神费力。”由于这三种活动的多样，使得艾萨克能保有精神与活力以加强专业技能。

想提升某一技能或某项知识，的确需要长时间的练习或培养。但就算你不想长期投入单一活动，这又有什么错？你大可按照自己设定的时间进度来提升专业技能。一个迷上空手道的多面向发展人才，为了十级

黑带，可以每星期花好几个钟头练习；他还可以同时培养精神治疗的专业能力，同时学习法语。他可能比那些完全专注于空手道的人花更长时间才能赢得黑带，但一旦他达到了目标，他的专业程度并不逊于别人。

假如你是那种同时发展多种兴趣的人，你也可以和别人一样快地达到专业程度。还记得前一章简要提到的“工作”概念吗：在同一目标之下，从事几种能让你长期乐在其中的活动。一个热爱拍摄纪录片的多面向发展人才，可以一方面累积声誉，成为纪录片专家，同时还能拍摄其他各种他喜欢的影片（譬如时尚活动、罗马史、原子物理学）。我经营家庭旅馆将近十年而乐此不疲，在“旅馆主人”这个头衔之下，我可以当一个说故事的人、室内设计师、公关人员、造景园丁、厨师、财务人员、历史学家、导游和工作坊负责人！此外，由于一家大型电视网安排我前往全美各地，向观众传递我的知识，这便使我成为一个专家。（关于“工作”的概念，第6章会详细阐述。）

此外也别忘记，不是每一个追求单一兴趣的人都能成为专家。有太多的秘书、水管工、旅行社人员和大提琴手终其一生只做了一件事，却没能在所属领域被认可为专家。只有那些更努力一点、更能冒险尝试新想法的人才能成为专家。如果我没有想到要成立第一个全国范围的家庭旅馆老板培训计划，我就只是数名家庭旅馆老板当中的一个。事实上，由于我还有其他的“业外能力”，使得我能以“家庭旅馆经营者”的身份从事公开演说，而其他家庭旅馆老板则比较倾向于专心当个老板就好，避免心有旁骛。一个乐于跨出常规去从事写作、教学、展示或推销生意的多面向发展人才，通常会获得令人惊喜的结果。我们比那些把注意力集中在狭隘范围的同行，更快地跻身于受人敬重的专家之列。

谭熙烈（Marilyn Tam）曾在锐步服饰及零售集团（Reebok Apparel and Retail Products Group）担任总裁，也曾在耐克公司（Nike）当过副总裁。她从进入服饰业工作的第一天起，就懂得尊重自己的多样兴趣，也因此培养出一项特殊专长：“我从第一份工作开始，就不会像那些以晋升管理阶层为导向的人一样，只关心特定的范围。我会请教企业营运中与会计收纳、销售渠道与广告有关的环节。我问得越多，也就学得越多。正因为这样，我改善了辖下产品，因为我了解其他部门的需要。如果我想转调新职务，而我的相关领域尚未出现空缺职位，我不会因此停下来。好奇心促使我学习，我会以此为基础，继续往其他领域前进。同样地，当我觉得某家公司无法让我有快速提升时，我就干脆跳槽。”这么一来，她的专业不仅限于生产流程的某一环节，例如销售渠道或袜子等单一产品，而是包括了整个企业管理的内容。

对于一个具有多面向发展能力的人来说，想培养专业能力，最可靠的方式是尊重自己的兴趣，而不是加以压抑扼杀。兴趣只能尊重，其他处理方式都会造成反效果。没有兴趣和热情的人迟早会不再关心自己的工作，陷入怨怼。这种情况下，赢得“专家头衔”的可能性很低，只会把自己消耗殆尽。

疑虑三：不专注于一件事便无法谋生

你是否觉得围墙另一边的草地比较绿，那边有升迁的机会与所谓的稳定薪水？我说：那片草地在我看来真是干燥枯黄。为什么这样说？我来告诉你原因吧。

你可能从小就听人说：“如果想赚钱，就去当生意人，或者当律师、药剂师、厨师、医生，什么都好。总之你做你该做的，好好坚持下去就是了！”我们受到教导，选定某一专业，从底层一步一步往上攀爬，直到顶端，如此就可以荷包鼓鼓、光宗耀祖。历史上确实有一小段时间，基本上是20世纪后半期，一个人可以刚从学校毕业便受聘于大型企业，在企业里稳定往上攀爬，薪水与津贴逐年增加，直到最后拿到一份不错的退休金，完全无须担心财务问题。凡是忠诚工作的人，几乎都保证能拥有某种程度的金钱，不必担心落得当街头游民度过残年。

但那样的经济亮点已经在时光雷达的荧幕上消失。经济现状已经改变——我说的不只是股票市场在某一年的起伏，就业市场在某一年的消长。经济活动必然有其周期，显示出阶段性的衰退和增长。我们（或者我们的双亲）对于职场的看法之中，把这些周期性的起伏纳入考虑范围。一般人认为，就算是在不景气年头丢了饭碗，你还是能在经济恢复之后找到工作。但前次的几波经济起伏之后，并未使经济活动恢复原貌，却塑造出一幅迥然不同的经济地貌。

新的现实情况是：许多工作消失了，彻底消失了。有些企业为了降低工资与避税，把公司迁至国外。最近几年，美国境内有几十万个制造业中的职务被移往海外。部分服务业与信息科技领域的工作也一去不回头。我的有些客户明知继续努力下去，自己在国内的职务最后会被淘汰，还是得忍辱负重，训练那些位于海外、将会接替他们的人。这些工作的消失并非受制于阶段性的经济状况循环，而是一旦消失便永远不会再回来。

那么，那些应该算稳定的白领层的工作呢？科技效率的进步与新型的管理风格，从每位员工身上压榨出更多生产力，使得这类白领工作很快被吞噬。我们心里有数，公司不会再与员工保持始终如一的关系。我们都听过或亲身经历过这样的恐怖故事，员工在一家公司奉献了三十年，最后只落得退休前几年被解雇、弃如敝屣的结果。我的客户弗兰克从事某事业，过去十五年来因为企业缩编或合并，在医疗器材产业被解聘过三次。如今弗兰克年近60岁，再度失业，指望能找到一份可让他挨到退休年龄的职位。由于积蓄缩水，他只好把退休年龄从65岁推迟到68岁，后来又推迟至70岁。资深经理人事业管理师威廉·莫林（William J.

Morin）在《财富》杂志上赤裸裸地道出白领工作的最新现实："你期望什么？你明知美国企业与雇员之间的旧社会契约已经终止了，不是吗？你当然不会再相信无条件的忠诚，或者甚至只要表现良好就能保障雇用——改变已经成为众所接受的生活现实，而企业改造也不再仅仅是应急措施。"（1996年9月12日）

还能奢谈退休金与福利吗？有些公司调整了退休或保险政策，使得员工的好处大为缩水。员工只有两个选择：接受新条件，或者找新工作。有些企业悄悄减少了，甚至终止了原先承诺要给退休员工的保险福利。

这些新闻令人担忧。但是，把问题改一改，你将会有解脱之感：我真的想一辈子固守一种兴趣，只为了追求其实根本是妄想的财务保障？假如你能接受这样的观念："经济保障与单一职业生涯之间并没有关联"，你就可以少一点烦恼，不再想着要把自己锁在某一个职业领域里面。别家的草地不见得比较绿，你还是学着享受身边的事物吧！

你的兴趣将为你的专业增色

当你决定与你的多种兴趣携手合作，而不是与它们对抗，你事实上可以为生活带来独特的经济利益。因为你有了"兴趣"这项优势，这股精神力量会把别人吸引过来。怎么说？容我详加解释。

请问：当多位资格优异的人激烈竞逐极少数的几个职位时，谁比较容易得到工作？是多面向发展的人，还是那些稳定从事单一职业的人？

答案：两者皆非。

当经济风向将你吹离某个职务，或者你因为兴趣改变而寻求新职务，长年停留在同一职业领域的经历不见得能够在你争取受聘时发挥重要作用。重点是，你的表现有没有因为你的兴趣而增色。

比方说，几年前，我住的镇上有三家医院合并，所有员工被统一收编。几十名护士收到了终止雇用通知，不再领薪资。几个月下来，她们当中许多人（后来发现全部都是女人）找我做职业咨询。有几位护士具备多种兴趣，但为了从事这份放眼望去似乎稳当的工作而扼杀了其他兴趣，双亲师长教导她们："护士总是会有工作的。"但如今这群女人找新工作并不顺利，失业了很长一段时期。

我曾经与那些热爱护理工作而走入护士这一行的人共事。其中有些人是专业"莫扎特"，打从小时候为玩偶泰迪熊包扎绷带开始就梦想成为护士。还有些人一直朝着多面向发展，是到了近期才由于追求最新兴趣而加入护士行列。她们享受这份工作所包含的艰涩学问与相关常识，还有给予他人的体贴照顾。她们也因工作忙碌而开心。而且你知道吗？这些因为自己的工作而朝气蓬勃的护士，无论是长年从事护理工作或者才踏入这行短短几年，都在相对较短的时间内找到了新工作。主要原因有二：

首先，她们对护士工作的热爱，很自然地使得她们成为专业人士。当那些对工作比较不起劲的同事以最方便的方式来达到在职教育的要求时，这些护士却抢先登记参加艰深的非传统小儿科护理方法会议、阿尔茨海默住院病患的新照护策略座谈会。她们参加研习会时，不会提前离席，也不会与其他无聊疲惫的同事溜到海滩去散步，而是围着主讲人或座谈会参加者热切提问。

其次，这些护士在热忱而主动地与其他健康专家讨论的同时，也借此拓展了人脉。她们日日展现出对工作的奉献与热忱，在上司与同事间树立了名声。因此，三家医院合并后，这几位女同事都有人脉可联系。对方可能会说："我听说圣法兰西斯医院产房有一名护士快退休了。你参加过那堂非传统小儿科护理课程，对吧？我帮你打个电话问一问。"比起那些忽视自身兴趣而勉强挤进护士一行、并非真心喜爱护士工作的人，她们立足得更稳当。对工作缺乏热情会彰显于外。当一个缺乏热情的护士不得不为了找新工作而设法递出履历，她们的人脉关系显得相当薄弱。可想而知，她们得依赖死气沉沉的招聘广告和冷漠的电话回应来觅得工作。

工作最有保障的人，不是那些选定一门行业后便从一而终的人，而是那些追随自身热情的人。我们之中，有鸭子也有天鹅。我的客户之中最悲哀的那种人，是“用灵魂来喂饱肚皮”的人。他们选择传统领域譬如电脑科学、商业管理、护理或教师，并不是因为这些领域符合他们的爱好，而是因为他们把工作视为长期饭票。他们在无预警地被经济力量抛出职场后，就再也无法与那些由于表现出热忱而使推荐函在黑压压的履历中闪闪发光的人竞争。

这个故事的教训是什么？削足适履并不是好方法，就算是为了工作保障这种冠冕堂皇的理由，也不该勉强自己。唯有顺着自己的爱好而行，才能让你获得有力的推荐人与志趣相投的人脉，并在改变时刻来临时推你一把，不管那改变来自外在环境抑或是内心世界。对于一个多面向发展人才来说，“保障”意味着让生命能够顺应自己多面向发展的特质，而不是违逆它。

多面向发展让你在职场中更有竞争力

接纳多面向发展的特质还有另一项经济利益：广泛的爱好是一项很有市场价值的资产。新经济形势要求人人步伐灵敏，迅速适应改变。对某些人来说，这代表能接受工作外包和自雇创业。当今企业世界的改变从来没停过。过去二十年来独自窝在办公室里设计推进器的工程师，现在必须加入团队，与业务部及营销部同事并肩合作。一直以来习惯于直接面对病患的治疗师，如今得找出新方法，把医疗工作外包给健康维护管理组织，好在医疗保险规定的疗程次数之内解决病患的主要问题。

新经济形势下的工作要求让守旧的人心生恐惧。他们站在学习曲线的底部，一想到眼前的攀爬就怨声载道。那么，那些多才多艺的文艺复兴人呢？学习曲线陡然上升的那一段使得他们活力充沛，带着比同事更积极的状态迈向新环境。

苏珊·霍金斯（Susan Hawkins）二十年来在美国几个大型企业里担任人力资源专员，现职为职业规划咨询师。她打了一个比喻："就某方面来说，有些员工走的是传统单一的职业发展道路，多年在同一家公司担任同一职务。他们就像那些每天沿着同样路线开车上班的人，明确知道自己的目的地、该把车停在何处，就和自由驾驶差不多。另一方面呢，也有员工待过各种公司，担任过各种职务，可能还曾经休长假旅行，或者经营自己的事业。在今日这个高度竞争、不断变迁的职场环境中，越来越多的公司想要这样的人才。为什么？因为这样的人很灵活，善于跟着各种单位部门、公司甚至市场里的变化而前进，同时能注意到哪些事必须换方式进行，或者以更具创意的方式来完成。"

一个成熟的多面向发展人才，会懂得在自己的履历表上面强调自己的这项特质。他们不为自己的多才多艺致歉，而是说出自信的话："我可以轻松转换职务角色。"根据美国劳工部统计资料预测，目前的大学毕业生一生平均会跳槽8～10次，其中许多人将会转换事业跑道至少一次或两次。对许多雇主来说，一张多面向发展的履历表展现出的是弹性，而非不成熟。在大型信息科技公司担任人力资源部门副总裁的劳里·贾狄克（Laurie Jadick）说："一个是'组织内部专才'，另一个是拥有各种经历、甚至曾花时间学习语言或绘画的专业人士，如果让我从两者中选择，我会先挑选那个反传统的人。想成为产业领导人物，企业必须吸引并雇用那些主动寻求改变、欣然接受改变，而且能够从中成长的人。"

卡萝·布朗（Carole Brown）在"智库管理顾问公司"（Thinking Team）担任总经理，该公司的客户包括花旗银行、壳牌石油和德意志银行。她表示："说白了，现今商业界比的是应变能力。企业组织必须了解这一点才能成功。了解了这一点，就会认识到企业需要的是能够迅速而轻松适应改变的员工。什么样的员工符合上述特质？是那些拥有多种技能和工作经历的人，不限于在单一企业文化下工作的人。"

组织及领导力发展顾问伯尼·桑德斯（Bernie Saunders），与人合著《学习型组织建立十步骤》（*Ten Steps to a Learning Organization*）一书。他注意到企业越来越愿意教导应征者使用科技与其他工作技巧，只要他们能表现出弹性，并用开放的态度面对改变。他相信企业要找的是对挑战有"正确态度"的人。我请他具体描述这样的态度，他给出了应该能够让你会心一笑的答案："灵活敏捷、适应力良好、天生好奇、对五花八门的事物有贪得无厌的胃口！"

假如你的目标锁定在企业最高层，你可能会听到别人对你的背景提出各种质疑。史蒂夫·约翰说："我在一家全球制药公司担任过高级主管，在华尔街一家金融服务公司担任过资深副总，也在一家大型顾问公司当过经理。但我不认为自己能爬到组织最顶尖位阶——越接近金字塔顶端，就得越忠于'单一志业'，但大家觉得我并不照章行事。"

但本章先前提到的谭熙烈，却有不同的信念。"身为亚洲女人，我并非典型的高阶经理人。"她说，"但是我爬到了'高阶'，因为大家一次又一次看到我在不同领域都有广泛而深入的经历。在今天这个牵一发而动全身的复杂世界，首席执行长不能只具备狭隘的知识：他们必须认识企业营运的各个方面，必须了解他们所从事的产业，还要了解今日国际化和快速变迁的职场的诸多方面。所以，谁会获得升迁呢？是那个具备最多种兴趣的人。谁是那个人？就是像我们这样多面向发展的人！"

然而，不是每一家公司或每一项产业都准备好要接纳这种多面向发展的人才了。伯尼·桑德斯指出："即使到了现在，美国国家航空航天局（NASA）这类地方要找的人，也许仍然是终生以天体物理学为志业的专家。”苏珊·霍金斯说，守旧的保险公司比较不容易接受改变，商业领域的某些部门，例如会计部，也比较不接受改变。霍金斯建议拥有多种兴趣的人，务必训练自己的眼光，找出能把改变视为好处的产业，也就是她所谓的“灵活”产业。譬如零售业、信息科技、医疗用品公司、电子服务和咨询业。就算在变化比较没那么大的产业或部门，例如营销与产品开发部门，也需要“拿得出多种弹性技能”的人。

本书不会教你如何利用你多样的热情挖到金矿或一夕成名，你还是必须努力工作才能谋生。但你绝对不要认为，专心在一件事上才能获得财富，而多面发展一定会饿死。别忘了，莫扎特最后被葬在贫民公墓，但富兰克林死的时候名利双收。

多面向发展的经济优势

1.热情能为你的表现增色，使你超越其他埋头苦干的人。

2.今日的企业世界和这个新的“个体户国家”，重视的是欣然接受改变的能力。

3.多才多艺的人比较可能成为成功的创业家。

4.爱好多种事物能使你成为更杰出的项目经理，成为解决疑难杂症的高手。

5.在全球化的经济体系里，乐于学习新语言和探索多种文化的人容易受到重用。

疑虑四：其实我并不想朝多面发展

你说："我做了测验，知道自己是多面向发展的人。我知道，这种人就像'丑小鸭'，他们有自己的美，可以赚到钱，可以成为专家——可是，我其实不想当天鹅，怎么办？假如我就想当'鸭子'，安定下来一辈子只做一件事，怎么办？"

如果你到现在还问这样的问题，我敢说，你这辈子都在想着讨好双亲或配偶或你大脑内在的声音："再不决定一项事业，你就太幼稚了！"而且你一直希望能在这本书里找到那一条可以走一辈子的道路。你相信有那么一条路，如果我把它指出来，你就会收拾行李，埋头走上它。你会这样想，我完全可以理解。今日的文化有一套清楚的对于什么叫作成功、叫作长大的说法。可是，你无法改变自己的本质。

假如你对于自己多面向发展的特质有了新的理解，而你产生了失落感，你必须尊重你的这种感伤。不管你的这种感伤是否"合理"，重要的是，你要厘清自己的感受。一味地忽视你的感受，也无法抹去它们的存在。而如果它们确实存在，你却疏于面对，这些感受便会妨碍你接纳自己。大部分的人都探索出一套处理难受感觉的方式：写日记、与朋友谈心、独处。希望你也能花点时间处理这些感受。

"一只鸭子不能勉强自己长出脖子来讨好这世上的天鹅，"我经常提醒客户，"天鹅也没办法用意志力让脖子缩短，好让自己与鸭子父母相配，迎合鸭子配偶或合伙人的需求。"为了真正对自己的生活满意，我们必须真实地面对自己，而不是做一个你"希望"自己做的人。接受了自己的天鹅本质，就可以敞开心胸接纳自己在生命中真正能够掌握的事物。

普利策奖得主作家斯图兹·特克尔（Studs Terkel）访问过数千名来自各种族、宗教和行业的美国人，他提出一项对人人都有意义，但对多面向发展人才特别一针见血的观察：“大部分的人拥有的工作都太狭窄，窄得无法容纳心灵。”既然你拥有各种兴趣，就绝对不许掉入那个陷阱。我们必须让自己的生命朝多面发展，让它大到足以容纳我们全部的灵魂。

接下来要带领大家认识几个原则，好让你开拓出宽广的生命，让你拥有足够的空间容纳你的基本价值与多重热情，让你活跃于多种兴趣中而不至于分身乏术。

想做什么，就能做什么

和许多音乐家一样，里克·切尔文（Ric Cherwin）一度只能勉强解决温饱。机遇带领他走进艺术品拍卖的世界，他想着：我可以做到！拍卖工作满足了他的财务需求与个人需求，没过多久他便能从每笔拍卖中赚得五位数的佣金。

然后他到一所刚成立的先进法学院入学就读，三年里靠着为一家大饭店制作晚间餐厅表演节目维生。从法学院毕业后，里克在一家小型律师事务所找到了工作。虽然他不喜欢文书工作和枯燥的法庭陈述，但他乐于协助妇女向耍无赖的前夫讨要子女的抚养费。不久，这间小事务所便邀请他入股成为合伙人，但，全职工作？做一辈子？门儿都没有。

里克以兼职方式继续从事法律工作，其余时间则用来发展其他事业：里克·切尔文代理公司。这家公司是从先前那份制作工作延伸出来的，专门代订世界棒球锦标赛、美国公开赛和纽约影展等娱乐活动的票务。

里克追随自己的兴趣行动，现在他在曼哈坦拥有一间公寓，在乡间另有一栋房子，但他最感欣慰的是自己享有自由：“现在我想做什么，就能做什么。”他可以选择只接受那些最能引起他兴趣的客户的委托，只接受那些最有趣的艺术品拍卖的邀请。偶尔心血来潮，他还可以唱歌表演。假如你听说他取得了社会工作硕士学位，另外又拥有一家小规模但业绩蒸蒸日上的心理咨询诊所，你会惊讶吗？

PART TWO

发现你的多样热情

一个多面向发展的人很容易说出以下这种话："我要做这个，因为它很有趣。我要做那个，因为那个能带来满足感。"花时间评估哪些事物对自己是最重要的，能让你在定义"我要做这个"的时候，说得更明确，也让你觉得更有自信。

一个多面向发展的人才，假如可以先聚焦在三五件事物上，暂时搁下其他事物，就可以使生命大为改观。

拥有一个焦点组合的人生，比起你没有这种焦点组合，你会安定很多。

第3章 找出当下你最在乎的价值

我是一个多面向发展的人，有太多事能让我兴奋。我只希望世界上有某种试纸，能让我用来分辨哪一项热忱真正值得追求。

——菲力克斯，62 岁

淘金矿工不会把触目所及的每一块石头都塞进背包。他们必须分辨哪些是愚人金，哪些才是有价值的矿石。

本章要教你如何在自己的富饶岩层中挖矿，深入探寻最纯真的信念，找出其中能够形成基石的信念，让你在这块基石之上创造出充满创意、才智与灵感的生活。由于你的注意力被众多事物吸引，因此值得你费一番工夫开发淘金技巧，从原始材料中辨识出真正珍贵的元素。而且别忘了，一个多面向发展的人是持续变化发展的。所以，当你从这一项纯属个人的挖掘工作中抬起头来，你会认清你“当下”最在乎的价值是什么。你现在希望能依据什么价值观而活？不必思考你以前重视什么、别人重视你的哪些部分，也不必想你希望未来能拥有哪些，而要思考你今天在乎的是什么。这些价值将成为你决定事业与人生的基础。

这个挖掘与思考的过程非常重要，因为许多文艺复兴人不相信自己的决定。我有个客户理查德，他在大学里担任中层职务，他觉得生活

“忙、盲、茫”，于是来找我。首次见面咨询过后，他决定把精力放在四种兴趣上：照顾小孩、吹长笛、修理物品和搜集农具。他很雀跃。一星期后他再来找我，对自己不那么有信心了：“我怎么能确定自己真的想投入这些兴趣？我不也能轻易选出其他四种兴趣吗？我不觉得那是命中注定。”当我说我同意他的意见时，他很意外。

理查德和许多多面向发展人才一样，一厢情愿地以为天下有一种试纸，在电光石火的刹那，可以让他确认他这一次绝对、铁定、毫无疑问地走对路了。比尔·克林顿是不是在8岁的时候突然知道自己想当总统？或许他真是如此吧。但你绝不会对其他的选项都毫无兴趣，非常确定自己的选择是正确的，内心不曾掠过一丝怀疑。

有些多面向发展人才曾经指导脱口秀的表演，也出版过励志书籍，但我听到他们说自己“没有能力做出正确决定”。这些人不明白，他们所放弃的也许是不错的选择，但可能因为时移事易而不再适合他们。如果你对自己的决定缺乏信心，可能是因为你多年来每放弃一项爱好，转而追求其他爱好的时候，你都会自责。你可能落入了一种陷阱，以为你所做的是与别人不同的选择，都是错误的选择。但事实绝非如此。

驱除不确定感有个最好的方式，就是厘清自己的价值观。芭芭拉无法决定如何从众多兴趣中择定一项来着手，她做了一番解释：“说起来难为情，但对我来说，成名真的很重要。”芭芭拉·奥黑尔在大家庭长大，她排行中间，上有三个兄姐，下有三个弟妹。她的父母经常得喊过三四个其他名字之后才喊对她的名字，而大部分外人根本不记得她的名字。我和芭芭拉详谈后渐渐看出来，与其说她要扬名立万，不如说她想得到别人的肯定：“我希望我走进一个房间，大家都知道我的名字！”后来她到一所小学当志愿者，最后成为小镇上的儿童图书馆馆员，一路走来相当开心。“现在无论我走在哪条街，孩子们都会跑过来喊‘奥黑尔女士！奥黑尔女士！’我好喜欢这样，他们都知道我是谁。”

三项练习帮你找出最在乎的价值

接下来要你做的是“准备工作”。以下三项练习（最在乎的五项价值观、圆圈练习、为自己办庆生会）帮助了不少像你这样的人。你在这三项练习里将会发现你所重视的价值是什么，由它们引导你决定如何赚钱、管理时间、从各种感兴趣的活动中选出你“目前”最喜欢的项目。所谓的“价值观”，并不是那些从宗教或哲学而来的、进行自我反省的时候所想的抽象概念。我向你保证：如果你的行为无法与你的想法维持一致，你等于是在自己伤害自己。

玛莎来找我的时候，她先生尼克恰好在一家法律事务所找到第一份像样的工作。他展开新工作没多久，就在昂贵的地段买了房子，玛莎立即投入装修新屋的工作。除了照顾幼子之外的时间，她都在与室内设计师商讨各种事宜，测量窗帘长度，掸掉茶几上精品摆件上的灰尘。她打电话给我预约会面时，说她感到莫名疲惫。她被没完没了的设计规划累坏了，经常遗漏重要的细节，而且每完成一项规划，她并不觉得特别高兴。我们把装修这项活动和玛莎的价值观进行对照后才发现问题出在哪里。她承认自己是为了跟上邻居的标准而装修。她其实宁愿把珍贵的闲暇时间用在自己对于音乐及环境科学的爱好上，“而不是用来关心门厅的瓷砖！”她说。

未能完全忠于自我价值观的人，一辈子匆匆忙忙，一方面被他们所承担的义务扯向一边，一方面又被自己的灵魂扯向另一边。他们和玛莎一样，隐约感到不满足，却不明白原因。他们注意到，似乎没有事情顺着他们的意思进行，不像别人总能心想事成。如果这些被困住的人能低头关注自己真正在意的事物，将可以找到充沛的活力，发现自己确实能够靠着内在的驱动力向前迈进。

这三项练习，不见得与你的价值观有直接关系，也不见得会直接影响你日后所采取的行动，但它们是探勘工具，帮助你看出你该如何抉择，才能符合你内心最深刻、最真诚的动力。你可能会发现，这些工具指出了你生命中一块对你来说很重要却一直被忽略的地方。你也许会了解到，你想开公司做生意的计划其实根本不是你想做的事，而是父母、配偶或某个别人的想法。

练习一：最在乎的五项价值

我有些客户一开始会抗拒做这个练习，因为他们自认已经很了解自己的道德与原则。也有些客户认为思考价值观这件事不够“有趣”。然而往往也正是同样这些人，做完这项练习之后，对于自己新生的使命感感到特别激动。

你可以在下页表里看到48个抽象观念，每一个都可说是重要价值。事实上，我猜你可能会说，在你个人的价值观里面，这48个中的大部分甚至全部都不可或缺！正因为如此，所以这项练习相当具有挑战性，也相当具有厘清效果。请你先浏览一遍这48个价值，再从中选出目前对你最重要的五项。

这五项价值观不必按照重要顺序排列，但你可能得费尽心思才有办法做出选择。由于大部分的人不常被要求要审视自己的价值观，因此你可能会需要一个晚上甚至几天时间衡量。需要多少时间就尽管用吧。

别担心你对表中每一项名词的理解是否“正确”，你只要从对你而言最说得通的解释出发就可以。你可能会发现某两三个名词的意义很接近，这是刻意的设计，目的在于迫使你想清楚其中哪一个对你来说比较重要。表的最下方有一点空间，让你填上你觉得很重要、但表上未列出的价值。

请现在就做这项练习。

选出你（目前）最在乎的五项价值		
成就	心理健康	隐私
情感	生理健康	外界的肯定
外貌	家庭	感情关系
别人的赞同	诚实	宗教
艺术	正直	名望
权威	学习	尊敬
美	休闲	冒险
职业发展／就职	爱	安全感
社群	忠诚	被社会接受
创造力	意义	人际交往
环境	金钱	孤独
专长	开放	心灵成长
名气	爱国情操	地位
家人	享乐	胜利
个人自由	人气	智慧
政治自由	权力	慷慨

你在做这项练习时，浮出了什么有趣的想法吗？譬如，你选了“家人”吗？如果你选了，务必确定你日后在做与事业或兴趣有关的决定时，要把家人列入考虑范围。如果你和理查德一样，把“做一个好爸爸”当成兴趣之一，你在追寻你想做的事情时就要把“家人”这一项考虑进去。也可能，你需要重新确认你的计划，让它不至于太繁重，免得

对你珍视的家人产生负面影响。

你是否选了职业发展/就职这一项？有没有同时也选了安全感、地位、金钱和权力？如果是，那么你可以看见，一份有薪工作对于你的自我认同感来说是多么重要。譬如我的客户卢伊，他是律师，因为他不想被僵硬的组织层级制度束缚，于是成立了自己的律师事务所，也希望借此强化自己的法律专长项目。但50岁的他把“安全感”列为前五名重要事物之一。他这时发现，他其实可以接下市府交通局的法务工作，朝九晚五上班，以赚取他迫切需要的退休福利。之后他很高兴，比起过去经营事务所时的状况，他现在大幅减少了夜间和周末加班的工作量，也有更多时间下厨，做他喜欢的意大利料理，并且有时间兼职担任夜间民事法庭的法官。

还有艾米，她长久以来都梦想能赢得东北美地区的射箭锦标赛冠军。她知道，有些射箭高手每天都练习好几个小时，而且是经过日复一日、年复一年的练习才赢得第一个冠军头衔。然而艾米一直没有认真展开训练，她开始怀疑自己是不是没有能力承受密集的体能训练，她是不是一个懒虫？

直到做了这个价值观测验之后，她才了解问题所在：严格的训练计划是与她对“家人”的重视有冲突的。假如要接受训练，她必须大幅减少与丈夫相处的时间，无法经常在周末出门旅行、拜访亲戚。考虑到这个问题后，艾米选择与所爱的人相处，而不是非得成为射箭明星不可。她决定接受不那么密集的训练，只要能让她取得参加射箭锦标赛的资格即可。冠军就让别人去当吧。

一个多面向发展的人很容易说出以下这种话：“我要做这个，因为它很有趣。我要做那个，因为那个能带来满足感。”花时间评估哪些事物对自己是最重要的，能让你在定义“我要做这个”的时候，说得更明确，也让你觉得更有自信。

练习二：事物的重要性排序

“事物的重要性排序”练习（也称“圆圈练习”）让你可以用更具体的方式来思考你的价值观。以下列出十大生活领域，请按照你认为的重要程度加以排列，并参照下面的图表做这个练习：

* 追求个人成长与自我疗愈
* 赢得同行的敬重
* 追寻精神心灵的平衡
* 提升自身竞争力
* 维持身体健康
* 对社会做出贡献
* 把事业推向新阶段
* 保持对人的开放沟通
* 追求金钱上的安全感
* 维系人际关系

事物的重要性排序

下面有十个选项，请按照你认为的重要程度加以排列，然后分别把这十项填入与它的重要程度相符的圆圈里。你认为越重要的项目，就把它填进越大的圆圈里。你可以十项都填入，也可以只填其中几项对你来说最重要的项目。

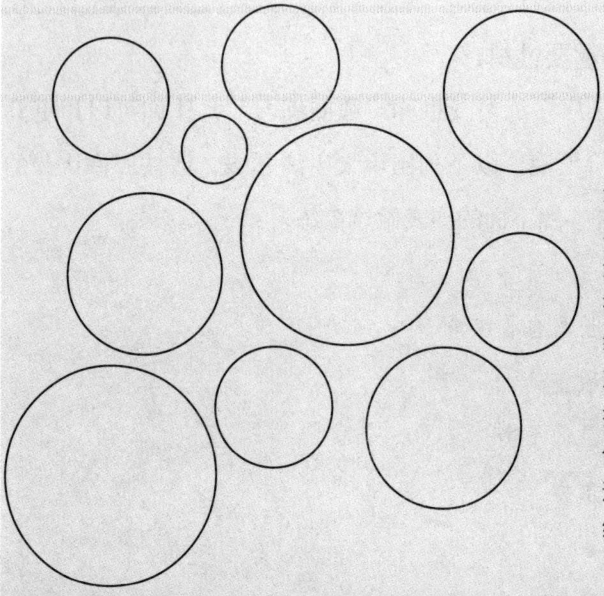

追求个人成长与自我疗愈
赢得同行的敬重
追寻精神心灵的平衡
提升自身竞争力
维持身体健康
对社会做出贡献
把事业推向新阶段
保持对人的开放沟通
追求金钱上的安全感
维系人际关系

请看一看这十个圆圈。最大的圆圈里放进对于现在的你来说最重要的事物。其次重要的事物则放在次大的圆圈里，依此类推。最小的圆圈里放的是目前对你最不重要的事物。如果你想把我列出的项目换掉，改成你自己选择的项目，请尽管这么做。

（假如你是在校学生，你可以调整其中两项，“把事业推向新阶段”可改成“以优异成绩毕业”；“赢得同行的敬重”则可改成“赢得老师、同学的敬重”。）

在这个练习中，你可能会发现，最大的圈和最小的圈很容易填，但“中间”那一群圆圈不好应付。有些客户说，在考虑中间那几个比较难以安排顺序的圆圈时，他们想到了以前从未想过的事。有个来上我课的学员，犹豫着该把“维系人际关系”放入多大的圆圈里，这时她突然发现“关系”对她竟然如此重要。她与新的情人和继子相处愉快，与她自己的亲生母亲和继父的关系也相当好。然而她发现：“嘿，我是别人的继女，也是一个继母。有时候我对这两种处境感到挫折，但没有‘薇薇夫人信箱’之类的专栏为像我这样的人解惑。我敢说这就是我的机会了！写这种专栏应该会很有趣……”然后她向报社毛遂自荐，说她想写一个问答形式的专栏，解答有关“混合家庭”（blended family）的问题，报社很快就采纳了她这个想法。

有时候，结合了几种练习，也会产生惊喜。譬如珍妮，她30岁出头时为一家投资银行工作。“我以前都不知道，创造力是我非常重视的一项价值。”她说，“并不是我认为它不重要，而是我从来没有多想。然而我在做‘最在乎的五项价值’练习时，我就是没办法把‘创造力’踢出前五项之外。它进入我的前五大！仿佛它自己有意志，非要待在榜上不可。其他四项是成就、专长、权力和安全感。你看得出来，创造力在这五项里显得多么格格不入。至少，如果你听到创造力就想到绘画或小说之类东西的话，会觉得不像我。”

珍妮接着做圆圈练习。“你知道发生了什么事吗？‘提升自身竞争力’竟然打败了‘金钱上的安全感’，占了最大的圈。后来我在想这两项练习告诉了我什么，然后我发现，我一直想着的是如何在工作上变得更有创意！这是我要的，也是我想提升的能力。我想为那些需要改善销售力的人开发全新的教材。我从来没做过这种工作，但我很乐意学习！而且我想尝试着让枯燥的股票资讯变得更有趣。”

练习三：代朋友为自己写庆生祝词

生涯顾问专家有一项经典的手法，他们会建议你写下自己的讣闻，要你列出这辈子想达到的各种成就。但我发现，这种练习会导致刻板的反应，大部分的讣闻练习最后会写出可以预期的种种“待办事项”：他是个优秀而杰出的人，在他所任职的部门攀到最高位，参加了孩子们的每一场球赛，并且在本市最大的教会里担任德高望重的执事。这种讣闻在高声喊着：请肯定我！我做得够好了，可以拿奖状了没？对于那些一开始就怀疑自己的人来说，这样的练习只会让他们再一次掉入旋涡，陷进别人的价值观里，而且往往是他们父母或整体文化的价值观。让我们来改良这个老套做法，让它更符合需求。

现在，想象自己活了八十个健康又活跃的年头（而且还会再这样活上许多年），正准备为自己办一次庆生会。你邀请了四个真正了解你的人，他们将在庆生会上发表祝词，向你致意。

* 一位家人；
* 一位朋友；
* 一位同事；
* 一位社群同侪（来自邻近社区、健身房、志工团体或某宗教团体）。

每一个人当然都会看到你的个性与成就的某一面。有人会指出你的成就，有人赞美你所具备的抽象特质，例如仁慈或认真尽责。你不妨花些时间思考你真心希望这四个人会提到你的什么特点，然后在纸上写下他们的“祝词”。如果你还很年轻，怎么样都无法想象40岁的生活，更遑论80岁，那么你可以换个方式，想象自己要求四个了解你的人（双亲？室友？），在你的学校毕业纪念册上描述你。

写下这些假想的祝词，可以帮助你在旁边写下你的某些价值观。譬如，如果你假设你的同事说你在职场上平步青云，你可能会写下“成功与付出”。若有人提到她多么喜欢在假期拜访你那装潢得美轮美奂的房子，你可能会在旁边写下“通过居家艺术为人带来愉悦”。

做这练习的人几乎都会发现，有些祝词相当不容易写。你是否很难想象，有谁能针对某个范畴说你的好话？别因此感到气馁，许多人在构思自己的祝词时都发现了这个障碍。譬如，有人相信“社群”是一项重要价值，后来却发现自己根本不认识邻居。然后他们问自己：“社群”真的是我最重视的事物吗？如果想找出一种生活方式可以让我更能够融入一个社群，那会是什么生活方式？

或者，你会发现其他能够帮助你确认你价值观的思考源头。以罗伯特为例，这位年近50岁的父亲经营着一家电脑程序设计公司。他坦承自己简直是用机械式的反应在做“最在乎的五项价值观”练习。“我当然把家人、爱国情操、宗教、尊敬和冒险列为五个最高价值。”他微笑着说，“一名优秀的西班牙后裔、信奉天主教、曾任海军的实业家，还能有什么选择？”他的圆圈练习也反映出同样的“明显”模式。

“但你知道吗，你知道是什么让我愣住吗？”他说，“那个写庆生祝词的练习，要我想象自己希望家人如何颂扬我！老实说，我心头一震。当我想象三个儿子会说什么，这时我的确受到不小冲击。我知道我一直希望他们说，我与他们的关系比我与我父亲的关系更亲密。我希望他们说，我花了时间陪他们，经常赞美他们，帮助他们思考自己的未来。家父从来不做这样的事。但是你知道吗？”罗伯特沉默了一会儿，努力控制着情绪，“如果儿子们根据我们现在的生活而说真话，就绝对不会那样说。因为我全身心投入公司，我确实赚到了我父亲没能赚到的财富，但是……”罗伯特说不下去了，突然坐了下来。我知道，做过这个练习之后，罗伯特将会打造出更贴近自身价值观的生活。

正视你最在乎的价值，尽管它“令人难为情”

有些事物你马上就知道自己在乎，但是你不容易对别人承认你在乎它。本章稍早曾提到的芭芭拉·奥黑尔，在兄弟姐妹间排行居中，后来成为图书馆馆员，她很不寻常地坦承自己渴望成名，虽然她对此颇感难为情。你是否也在乎一些你觉得尴尬的事物，或者从某种角度来说它们不甚正确？你是否想发财、成名、掌大权、受人仰慕，但你很希望自己不是这么想？

我们的文化一方面崇拜财富与名气，却又告诫众人要做一个良善而谦卑的小工蜂。“你以为你是谁？”这句经常响起的贬抑话语，阻碍了财富与才华的发展。就连那些母亲是舞台明星、父亲是曲棍球选手而被迫出名的小孩，也都被教导成要说自己热爱“辛勤工作”，不能说自己喜欢在表演或运动方面成为镁光灯焦点，应该要用低调方式展现天分，当一个暖暖内含光的明星。

我要说，假如你想成名、想致富、想得到别人仰慕，你没有道理欺骗自己。你不必刻意不看这些东西，却转头选择你认为比较值得别人钦佩的次要价值。你首先要找到的是那些能够驱动你的力量，那些能够推动你实现最大梦想的力量。如果你不诚实面对自己的价值观，后果轻则分散你的注意力，重则使得你的努力全部白费。你就是想发财，这有什么问题？也许你生长在困苦的家庭中，想把贫穷抛得远远的；也许你渴望拥有能用金钱买到的美（譬如昂贵的艺术作品）和冒险（拥有一艘自己的帆船）；或者你就是爱钱嘛！如果这些是你的内在动机，你就必须诚实面对这些动机，并与它们愉快相处。

你担心金钱与名气会使你变成一个糟糕的人吗？古希腊哲学家亚里士多德认为，希腊公民若没有给出足够多金钱资助戏剧活动，就称不上具备充分的美德。如果你愿意，你可以买下一艘漂亮的帆船，然后让许愿基金会（Make a Wish Foundation）知道，若有哪位重症病人盼望能出海航行，你将备妥船与油料随时恭候。你可以让你的名气在对你最有意义的地方发挥作用。想想英国的戴安娜王妃，她不就让全世界注意到了在亚洲危害儿童生命的地雷问题？

如果某个你不好意思说出口的价值真的使你困扰，也许你该检查它到底是不是你真心在乎的东西。这个令你难以启齿的价值真的属于你吗？在我家，我父亲要全家人都把“出名”当一回事。多年来，如果我很喜欢一件事，却觉得自己无法成为那个领域最杰出并因此出名的人，我就会放弃那件事。我不想在名气世界里当个失败者。最后，到底是什么力量在推动我呢？事实上我是为了找到我真正重视的事物而前进，被我视为重要的事物，包括了让全世界了解什么样的人叫作“多面向发展的文艺复兴人”。

还是说，你曾经把两个不同的价值混为一谈？芭芭拉·奥黑尔说她想成名，但她其实只是想在她所处的环境里得到肯定。我知道有些人由于把“财富”列为重要事物而感到恐慌，担心自己是贪心的坏人。但他们主要只是不想再过小时候的匮乏生活，或只是希望为年迈双亲提供更好的生活。在这种例子里，也许财富就不是重点了，反而该把“安全感”“认可”“尊敬”或“家人”列为重要价值，只要你确定你的梦想不会因此稀释。

挪出时间给你重视的事物

许多“专家”会说，只要你清楚表达出你的重大价值观，你的余生就会跟着这些价值观走。然而，实际上想在日常生活里排除那些不符合自己价值观的事物，做起来比说起来困难得多。我们很容易陷入习惯，因循原有做法，而不去检验原有做法是否“正确”。认清自己的价值观，可以让你挪出更多时间给你所在乎的事物。

著有《创意人的组织方法》（*Organizing for the Creative Person*）一书的陶乐丝·兰库尔（Dorothy Lehmkul）指出：“如果你说某件事对你的

生活很重要，你却不花时间在上面，那么你就需要改变你所谓的价值观，或者改变你运用时间的方式。”检查一下你的行程表上面哪些活动对你来说并不是真的重要，这可以让你拨出时间给真正重要的事。

有个方式可让你发现你是否把挂在嘴上的重大价值观落实在生活中。接下来要请你走出抽象思考与假设的世界，走进日常生活。以下两个练习会迫使你问自己：我现在的活动反映出的是我自己的价值观，还是别人的价值观？我想要继续依据这些价值观生活吗？若是我想要继续，这些价值观吸引我的地方是什么？

◎我在乎的事物vs别人在乎的事物之练习一

请拿出一张纸，划分成三栏。在第一栏的标题处写下“活动”，第二栏写“从事这项活动的理由”，第三栏写“这样做，反映出了我自己的价值观还是别人的价值观？”（答案可简写成“我”／“别人”）。

首先，在第一栏列出你进行中的“方向”：你正在上的钢琴课、园艺规划、开车送小孩去练足球或参加足球比赛、你的工作、所有让你感到愉快的事。

其次，看着每一个活动项目，然后问自己：“我该如何解释为什么我应该花时间做这件事？”然后在第二栏写下答案。你可能会写送小孩去练习足球是因为“他平常都不说事情，只有在我车上的时候愿意开口讲”，或者因为“身为母亲，应该送自己的孩子去练足球”。

最后，检验你从事每一项活动的理由，判断每一项理由是否都反映出你的价值观，而不是你的母亲、你的伴侣、你的父亲、你前妻或前夫或同居人、你的老板或大学死党的价值观。你所写下的理由，与你自己的真正价值观是一致的吗？还是说那是你向别人借来的信念？如果载孩子去练足球代表你渴望与小孩说话，那么就在同一列的第三栏写下“我”（意指“我自己的价值观”）。如果你的理由体现的是别人的价

我在乎的事物vs别人在乎的事物

（练习一，范例。以下是我的例子）

一、活动	二、从事这项活动的理由	三、这样做，反映出了我自己的价值观还是别人的价值观？
周末早上房屋大扫除	我习惯这样做：吸地、擦灰尘、刷洗浴厕之类。	别人：这是我妈重视的事。我跟我先生并不在乎房子是否每星期都要打扫一次。
上水彩课	一个艺术家必须广泛习得各种技能。	我：我好喜欢学新的绘画技巧！
办几场让人眼睛一亮的派对	我们家以办派对出名。大家都会谈论我们办的派对，等着受邀参加。	他们：先生认为办派对是一种为事业拓展人脉的好方式。但事实上，活动当天，他常和几个老同学窝在小房间里看球赛转播，没有经营什么人脉。
每周五的早上去健身房运动	大家都说，养成运动习惯可以增进健康。	我：我有一名私人教练协助，我的体能得以改善，我觉得神清气爽多了！
周日上教会，并加入教会的花艺社	拨出时间给心灵成长是件大事。既然隶属于某个教会，就该参加那个教会的聚会与活动。	我、别人：我认为人应该关注心灵成长，但在教会的时候不见得能做到这一点——我常只是听别人叫我做什么我就去做（唱这首歌、读那段经文、听讲道……）。

值观，例如你父母深信当母亲的人都应该接送小孩去每一个地方，就写下“别人”（意指“别人的价值观”）。

一旦你辨识出哪些活动并非完全反映你现在的价值观，也就是那些被标志为“别人”的活动，就要开始思考如何排除这些活动。以下的练习二可帮助你做到。

◎我在乎的事物vs别人在乎的事物之练习二

拿出一张白纸，划分成两栏。第一栏的标题写“别人的活动”，第二栏的标题写“如何排除别人的活动”。第一栏再次写下你在练习一里面划分为“别人”的活动项目。第二栏写下如何把这项活动从日常行程中排除。这项练习可以让你把心力放在你真正重视的事物上。如果开车接送小孩所符合的是你母亲的价值观，而不是你自己的价值观，那么你能不能考虑与其他友人轮流接送彼此的孩子们？或者与你的先生或前夫讨论这件事？

有些人做这项练习时，会受到某些流传已久的传统价值观冲击。例如“你身为丈夫与父亲，不能再想怎样就怎样”或“我们家族的人一直都这样做”之类的话。这些强而有力的价值观所引发的活动确实很难排除。如果你遇到这种状况，不妨先翻阅本书第12章，那章谈到了如何减少这类价值观所造成的影响。

做了练习二的人，在实际执行了“我的／别人的”练习之后，会发现生活变得比较轻松，也从中获得了较多成就感。这是放诸四海而皆准的道理：当一个人的动力是来自内心最深处的价值观，他就可以发挥最高的生产力和创造力，享受无上喜悦。对于一个经常不知如何取舍，或者常感到愧疚的人来说，诚实面对自己在乎的事物是格外重要的练习。

我在乎的事物vs别人在乎的事物 （练习二，范例）	
一、别人的活动	二、如何排除别人的活动
周末早上房屋大扫除	找些谈论如何有效打扫房屋的书来看，只做那些我们觉得非做不可的清扫！列出一张“每两周做一次”或“每个月做一次”的打扫工作清单。
到处采购，买到最物美价廉的东西	立刻停止这件事吧。就用我的特约商店会员卡购买店里的特价物品，甭管其他商店有哪些特价品了。
周日上教会，并加入教会的花艺社	改成参加社区活动中心周日早上的冥想课程。把过去用来参与花艺社的周四晚上，改用来做时间较长的静坐冥想。

第4章　冰激凌带来的全新选择

我是大学生，在读大学这段时间里，我想学什么都可以。但是我应该如何选择？我爸妈说应该选修我真的很感兴趣的科目，但是我看遍了选课表，几乎对什么科目都有兴趣！上学期我选了太多课，搞得我像无头苍蝇到处飞。这学期我无法决定到底该修哪些课，我甚至已经错过好几门课了，因为我去登记的时候它们的名额就已经满了。

——夏洛特，19 岁

像你这样一个拥有多面发展特质的人，必然有很多想法。可是，你是否无法把所有的想法都落实？我曾经在工作坊引述一位客户的话，在场许多参加者听了都会心一笑。这位叫吉宁的64岁客户描述她的困境："要我想点子绝对没有问题，这个问我老公就知道了。他很受不了我对那么多事都跃跃欲试，最终却只有三分钟的热情。的确，谈到针对目标的切实执行，我就完全提不起劲儿啦。"

本章要帮助你脱离这种行为模式，也帮助你把经常因此而自责的心情排除掉。你会了解到，你可以一方面参与各种感兴趣的活动，同时享受到聚焦和清醒所带来的种种好处。

现在请拿出一张纸，列出目前让你特别感兴趣的事，不需要按照重要顺序排列。你想做哪些事？对什么事物特别着迷？哪些类型的主题特别吸引你注意？吸引你的主题可能只有一种，也可能五花八门。无论如何，都请你注意：这张清单不必维持一辈子，甚至不必维持到下个月。我只要你描述你现在的兴趣。回头你随时都可以增加或删减。

列完这张清单后问自己：究竟是什么阻碍了你，使得你没有继续发展这些兴趣?

“开玩笑！”你会说，“看到我的清单没？我怎么可能真的去读考古学研究所，锻炼三项全能，还变成西点大师？谁能有这么多闲工夫投入所有的兴趣？不可能。我必须过滤，我知道我不可能每一件事都做到。”

嗯，你说得有道理。但我有一个问题：你为什么做不出抉择？“开什么玩笑！我怎么可能真的铆起劲儿来读考古学，然后眼看着我想开西点糕饼店的梦想泡汤？”

这就是矛盾所在。要不是人类寿命有限，大部分的人就不必苦于兴趣太多，无暇兼顾。如果没有时间限制——不必一星期上班五十个钟头赚钱糊口，不必花时间睡觉，而且还能长生不老——我们就用不着选择究竟应该积极从事哪一项兴趣。

我写这本书的目的是要帮助你满足现世的人生。大部分的人终其一生都有义务和账单，必须满足那些愉快但费时的生理本能，比如吃饭睡觉。市面上谈时间管理、绩效改善和发财之道的书满坑满谷，却很少有书能够为像你这种多面向发展的人提供一点建议。这些人需要一套全新的工具来帮助他们过个好人生，而不是被生活困住。这类人需要全新的思考方式来设计生命蓝图。我们就从地球上最快乐的地点之一——冰激凌店——来展开新生命吧。

四色冰激凌给予的人生启示

在生活里，选择通常也意味着失去。因此我建议，不必做选择，而是改成“聚焦”。为了让你理解我所讲的“聚焦”是什么意思，请想象自己置身于一家冰激凌店。这家冰激凌店很棒，贩售各种口味的冰激凌，酸奶冰激凌、冰沙、雪泥和意大利冰激凌，让人看得眼花缭乱。如果老板说你只能挑选一种口味，而且从今天起一辈子都只能吃这种口味，你可能还没做出“正确”选择，店就打烊了——而你还没吃到冰激凌。

假如老板说，店里三十多种的冰激凌，无糖酸奶冰激凌、零脂肪酸奶冰激凌、雪泥、冰沙、霜激凌和意大利冰激凌，你都能吃，这时你也会拿不定主意，对不对?

不难看出来，可以用这个吃冰激凌的比喻来看待一个拥有多种兴趣的人。这类人，在只能挑选一个东西的时候会不愿意做抉择，在全部都可以要的时候，又会茫然不知所措。两种情况都难以让人满意。

现在，假设冰激凌店老板给你另一种选择。她给了你一个善解人意的微笑，“你不必只选一个，也不是要从所有的选项之中挑选。”她说，“要不要试试本店知名的‘四色组合’？”

这个概念很简单：你每一次来店里都可以点一道拼盘，选出四种口味；每一种口味的分量比你单单只选一项来得少一点，但是足够满足你的渴望。

“听起来不错。”你说，“不过，贵店有几种口味呢？我不太确定我是不是能把选择缩小为四种。我怎么知道自己是不是做了最好的选择？”

老板说：“这不成问题。下次你来本店，可以选另外四种口味。你可以挑上次吃过觉得还不错的口味，也可以挑一个全新的组合。由你决定。你第三次来的时候，可以根据前两次的经验再挑选另一个组合。”

你可以连续三次都挑巧克力口味。你可以在第二次时把芒果口味换成椰子口味。到了第三次，你可以试下白巧克力芝士蛋糕口味或蓝莓口味，看它们是不是比巧克力口味好吃。

如此一次一次体验，你也许能找到最完美的组合。不过既然你是一个多面向发展的人，你可能不会甘于永远只能拿一种冰激凌组合。这不要紧，因为你每一次来店里都可以换口味。最重要的是，你不会再愣在柜台前，像冰激凌一样僵在那里，至少你会有东西下肚！

换句话说，聚焦在四种口味上，你可以比较容易做出决定。聚焦法只会让你得到更多，不会少。在一个处处是可能性的世界里，聚焦法不但提供给你多样选择，也能让你心思清明，足够专注。

四色冰激凌给予的人生启示

- [ ] 选择不等于失去。你不是“只能”要一种事物，而是有多种选项，只要你学会如何“聚焦”。
- [ ] 每次选四种口味（热情／兴趣）同时尝试。“四”是个有趣的数字，你觉得四种似乎够丰富，但又不至于超过负荷。将来你可以换口味，随你高兴要全部都换新或者只换一种。
- [ ] 也许你总想找到一种“完美组合”，但你一直找不到（很可能并不存在所谓的完美组合），不过你已经学会了做选择，学会了删除，最重要的是，你做出了决定，而且测试了你的热情。

焦点组合策略帮你落实兴趣组合，让改变发生

请依照上述这个冰激凌的比喻，找出你自己的组合。我用“焦点组合”一词来描述你的“口味拼盘”。请你找出四种你目前有强烈感觉、希望自己能专注发展的兴趣焦点。你在本章稍早列出的目前所有感兴趣的事物清单，可以帮助你挑选四大重点。以后你可能会改变焦点组合的内容，反映出你另外一套不同的兴趣。

这个焦点组合法很适合那些在工作与享乐上都朝多方面发展的人。理由之一是，这方法让你不再做不出决定，你不必再多花时间空想接下来要做什么，而可以实际进行有意义的行动。“采取了行动”这件事本身就是一种莫大的纾解。此外，同时展开几种数目合理的兴趣，可以满足你对于多样性和可能性的渴望。以前我们把精力用来拼命保有全部的选项，现在可以把力气拿来从事四种左右的爱好。这种快乐的能量会自我复制，你从某一项活动中获得的快乐，可促使你投入另一项活动。每一天都在开心的节奏中前进，而且这不是受到不当刺激的狂乱反应。

我举个例子来说明这项策略如何让一个年轻人从无法做决定、无法采取行动的泥淖中走出来。艾默立在唱片行做店员，但他一直知道自己想要用什么样的工作赚钱：他想管理一家夜店。可是他仿佛期待这份新事业会从天上掉下来，而不是自己去做点什么，让事情发生。此外，他在工作之余的兴趣太广泛，所以他总是没能从任何一项兴趣当中获得满足。吉他躺在角落呼唤他；新婚妻子被他忽略，两人关系每况愈下。他喜爱运动后的感觉，却没能按照固定计划安排运动，经常一连几个星期不去健身房。朋友们老是听他说他想去意大利住三个月、写几个喜剧剧本，听得耳朵都快起茧子了。他呢，也不常抽空与朋友碰面就是了。

艾默立来找我。我让他做这项焦点组合的练习，这时他产生了强烈的身体反应：他松了一口气，发出一声连屋子外都听得到的叹息。他欣然领悟到，他的下半辈子不必面临二选一的困境，以为自己只能选择一项兴趣，或者同时应付一大堆兴趣。

但这并不表示他马上就能把他一长串的兴趣清单缩减为四个（不是每个人都只选出四种焦点，不过艾默立和许多人一样，发现“四”是一个可以掌握的数字）。他在想尽办法要聚焦、挑选四种兴趣的时候，想到了几种可以同时进行的事物。他的第一种组合是：多花时间与妻子相处，到成人教育中心选修一门基础管理课程，认真写一部短篇喜剧，每周花五个早上做运动——快走一小时。

艾默立把精力放在这四个焦点上，过程中发生了若干有趣的发展。由于他常在下班后陪妻子聊天、烧菜，使得他妻子变成最支持他写剧本的人。他开始写剧本之后，妻子建议他，先做一次非正式的演出。夫妻俩开始一起绘制舞台布景、到大卖场采购道具。整个过程让他们觉得很满足。现在他们计划写出更多短剧，未来可以在几所高中或老年活动中心演出。谁知道会发展到什么境地去呢!

由于去上了管理学的课程，艾默立了解到想管理一家拥有数十名员工的夜店需要很长的工作时间，不是他以为的上班到深夜就够了，其实是工作到清晨，而且还得在下午就投入工作。上了这门管理课之后，他转了念头，考虑经营零售商店，这份工作比较符合他的预期。他找了自己工作的那家唱片公司的经理约谈，对方给了他一份名单，让他去碰碰运气。

另外，快走运动也让艾默立感到满意，他运动的次数够多，使他见到了成果。但他知道自己不需要在这方面火力全开。他缩短快走运动的时间和每周的运动频率，挪出时间学习意大利语，而他常在快走的时候听着意大利语教学录音带。现在，他的焦点组合上面维持着四项活动，但略微做了调整：写更多剧本、与妻子相处、争取零售商店经理的工作机会、学习意大利语。

最后，艾默立没有在哪一家夜店担任经理，也没有造访意大利，他的吉他也还在角落吃灰尘。但是他使用焦点组合法六个月之后，获得不少深刻的体验，所以他很期待寻求其他的新体验。

一个多面向发展的人才，假如可以先聚焦在三五件事物上，暂时搁下其他事物，就可以使生命大为改观。聚焦法的重要性不言而喻。我们没办法像表演杂耍似的同时投入几十种兴趣，但稍微集中焦点，可以产生丰富成果。如果艾默立企图投入他的每一项兴趣，他绝对不会有时间迎接新的机会。

八个方向让你确定自己的兴趣焦点组合

这个确认你第一份焦点组合的过程，会是一种变化的过程。希望它能为你带来乐趣。这个过程需要你认真努力思考，深入研究，而且你要愿意仔细推敲你的这个组合，好让这份组合能够贴切反映出你现在的需求。以下有几个方向供你在选择焦点组合时参考：

你的兴趣组合不必与别人一样

你的冰激凌组合，可能与艾默立的大相径庭（虽然你可能在想：嗯，写剧本，听起来不错。学意大利语？我找一天也来试试！），但这完全无妨。以下例子可以让你看到，每一个人的焦点组合可能与别人多么不同。

□ 狄妮丝：1.攻读商学院；2.拍纪录片；3.旅行。

☐ 理查德：1.做个陪伴子女、更可靠的父亲；2.持续吹长笛；3.搜集农具；4.修理东西。

☐ 艾德：1.为老人组织有意义的活动；2.禅修体验；3.打高尔夫球；4.塑陶。

☐ 艾米：1.参加射箭比赛；2.陪伴家人，与家人好好相处；3.在工作上发展新的广告素材。

☐ 凯瑟琳：1.找出新方法来宣传她的精品店；2.发掘独特商品；3.创新商店陈列；4.训练店员。

一、大部分的人会选择同时维持四个焦点。对于一个具备多种热情的人来说，"四"似乎是一个幸运数字。同时拥有四样兴趣，似乎能在一方面喜欢多样、一方面又需要专注的这两端之间达到平衡。可是，你必须找出最适合你自己的数字。不少人可以在一段时间里只全心投入一项兴趣，有些人依照季节轮替他们的兴趣，也有人无论何时都要同时投入两三种甚至四五种项目才满意。每当我遇到很有野心的文艺复兴人，我都会提醒他们，这个焦点组合的目的在于"设定界限"，焦点一旦超过五种，就可能会让你束手无策或者犹豫不决。

二、不要让现实因素磨灭你的梦想。本书后面有一章会告诉你如何衡量现实因素，例如如何同时赚取不错的收入又能照顾小孩。不过，在这个练习中，我还不希望你担心，如果你整个下午在后院做木工的话，哪还有时间做家事；我也不要你担心，如果你去博物馆当了志愿者，谁来帮忙照顾你母亲。现在是你为自己做梦的时候，做几个既有趣刺激，又让你心满意足的梦。待会儿有的是时间来面对真实世界。

三、你确定自己非常非常热爱工作，才需要考虑把受薪工作纳入组合。有人对工作怀有高度热忱，于是把工作列入焦点组合（看一看凯瑟琳和艾米的清单）。然而对一个多面向发展的人来说，热情会在哪个地方碰上收入，这是说不准的事。如果说，你想追求兴趣意味着你必须放弃现有事业，或者你希望你白天的工作收入可以资助你从事其他兴趣，那么你就不要把受薪工作列入焦点组合。现阶段的练习不要你被钱的问题绊住。我希望你专注在四个你认为最吸引你的领域，四个你可以发光发亮的领域，就算这四个兴趣焦点不能让你赚到一毛钱也没关系。

四、你一定要是真心热爱（或者真的有特殊兴趣）某些不支薪的工作，才需要把那些工作列入你的焦点选项。照顾高龄亲戚、清洗衣物、料理三餐都是重要的工作，但是如果你不是打从内心认为这些是你的责任，就不要把它们列入。一个定期在某社团组织的厨房里帮忙的人，假如这项义务工作对他深具意义，他可能会把这项活动列入焦点组合。前面提到了一个理查德，他是单亲爸爸，他觉得自己匆匆忙忙做个三明治给儿子当午餐便当，匆匆忙忙送儿子上学，这样的相处只是“公事公办”。他想花一点时间做一些特别的活动，譬如与儿子一起玩捉迷藏。因此理查德把“与儿子的特殊活动”列入焦点组合，而不把日复一日的生活照料列入。

五、不管你的焦点组合究竟是与别人的组合大相径庭，还是非常相像，你都不必担心。前面提到的理查德、狄妮丝和艾德等几位多面向发展的人，都在自己的多种爱好之间保持了平衡。至于凯瑟琳，她把自己的礼品店事业看成一个“工作”（第1章曾略提到这个概念）。她的每一个焦点都朝向同一把工作伞（也就是她的精品店），同时又能满足她对于设计的兴趣（创造出有吸引力的陈设）、分享她的知识（举办在职训练讲座）、与艺术家共事（搜罗他们的艺术作品），并且享受镁光灯的照射（她自己处理广告宣传）。这些人都是在平衡自己的多种兴趣。

六、不要给自己压力，以为必须把每一个兴趣焦点都付诸行动。客户最常问我一个问题："如果我开始投入这个四色焦点组合，会不会得把自己忙死？"除非你自己想要每天忙得团团转，否则若你想成为一个多面发展的人，并不需要随时都得做什么。你的焦点组合只不过反映出你想追求的事物罢了。我有位客户就是这样，他的焦点组合包括了每天打坐冥想、研读宗教书籍、去一处远离尘嚣的修道院过一段日子。

你可能会发现，随着时间过去，你从事这几项焦点活动时的步调和紧张感会渐渐变得舒缓，达到平衡状态。一个多面向发展的人假如成立了顾问公司，他的焦点组合会是活跃而积极的事情，譬如争取银行贷款、经常安排商业午餐与客户谈生意。而后他决定把公司交给一名部属管理，他调整了自己的焦点组合，变得悠闲许多。他目前的目标之一是每天腾出多一点时间，而不是去找更多事来做。不过，他并不是"从今以后"都会这样悠闲度日，谁知道他下一次再调整焦点组合的时候，不会是积极前进的目标呢？

七、切记，这不是你的最后一份组合。你确实应该仔细思考你的每一个焦点，但不要让自己为了选出最完美的组合而束手束脚。你随时可以更改你的焦点组合，增加某一项目或者删减某一项目，让你随时都能保有最好的组合。我的朋友格瑞葛说得好："这实在可以说是再也不会有'结束'这件事了，不是吗？每一件事都会引发另一件事，我可以追求无数种的联结。"

没有“正确的”焦点组合

我有许多客户，不管年纪如何，都忧心于时光不再、光阴流逝。他们的紧张表情写着：如果不趁现在弄出一个完美的焦点组合，一切就都完了！如果你发现自己也满脑子想着“一次就要把它搞对”，不妨回头再做一次第2章的“我还有时间”练习。

八、如果你愿意的话，你的焦点组合可以维持很长的时间。你学会了分辨什么是焦点、什么是选择之后，也许浮现一阵喜悦，但很快转为焦虑；你是否往前看，想象接下来几年的日子都会像发了疯似的不断转换兴趣，总是在改变，从来感受不到平静或安定？

容我这样回答：拥有一个焦点组合的人生，比起你没有这种焦点组合，你会安定很多。焦点组合其实也可以维持很长一段时间。我有个侄子辞掉了他在知名出版社当编辑助理的工作，进入一所要求严格的按摩治疗学院当全职学生。我推想，接下来几年里，按摩会一直是他的兴趣焦点。目前他除了按摩治疗之外，还有两项兴趣，一是拍摄黑白照片，另一是游遍美国及法国。再过五年或十年，他的人生看起来可能和现在差不多，也许当了爸爸，那么至少在孩子还很小的时候他可能会把“照顾孩子”列入焦点，而把旅行删掉。就算是最像富兰克林的人，也会有很长一段时间过得平静无波。

确定你的第一份兴趣焦点组合

下面这项练习，希望能给你一个安全的环境让你厘清自己的想法，完成你的第一份焦点组合。你不必被你写下来的任何东西限制，总之你想到什么就写下来，持续探索任何你想过要放进这个焦点组合里的事物。你也可以在往下阅读这本书的时候继续琢磨你自己的这些想法。最后你会发现，其中的三五个想法似乎最适合目前的你——总之，你要记得你随时可以更改这份组合。

到这里，我都请你把现实问题放到一边，尽管编织你的第一份焦点组合。这桩做梦的任务挺辛苦的，现在休息一下，回味自己完成了多少吧。你可以把这本书放下，搁几天再继续读。你也可以喝杯咖啡歇口气就回来继续。本书会更深入探讨焦点组合这一概念，而你可以一面读、一面认识自己多面向发展的人格特质，随时回头修改你已经列出来的焦点组合。

准备妥当之后，接下来要看我先前请你暂时不要担心的问题：金钱。唯有不必担心经济问题的人，才有本钱在规划人生的时候不在乎收入问题和教育程度问题。许多人在规划人生蓝图的过程中会心生畏缩，感到胆怯，因为他们想到了几个问题：我该怎么谋生？该如何接受教育或训练，好让我可以追求那些兴趣？接下来的第三部分就要讨论这些问题。

你的第一份兴趣焦点组合

请在以下的空格里写下想法。给你五个空格，以防你不想只有四个焦点。你可以用铅笔写，随时可以擦掉；你也可用便利贴，随时可以抽掉或替换。这种做法可以让你知道，你做的选择并不是白纸黑字永不能后悔。你也可以回到本章前面的练习，从你目前的多种兴趣清单里寻找灵感。

PART THREE

热情&现实

多面向发展的人才在追求新事业的过程中，会累积各式各样的经验，这些经验就是能力资本，在日后又转换事业的时候可以派上用场。

如果你的特质引领你成为某一种自由工作者，你当然得让世人知道你的天分所在。你有必要让别人知道，你拥有的某项重要天分是他们需要的东西。

你还是能把一份低薪的基层工作转化成与你的兴趣焦点有关。但如果你用深具创意的眼光来看待你的热情，你会发现你可以选择做别的工作。

第5章 “真工作”能满足你的多样热情

我和我哥都是兴趣广泛的人，可是我们的人生路走得完全不一样。我的四个兴趣焦点是非常不一样的事物，我是通过各种兼职工作来展开这些兴趣，把钱赚进口袋的。我哥艾略特则需要一份高薪的全职工作，他想存钱开一家属于自己的咖啡馆。目前他在一家连锁卖场当分区经理，并利用公司提供的免费员工管理与顾客管理技巧课程，为自己将来的开店事宜做准备。

——路克，45 岁

请看下页的图示。这张图有两个圆圈，其中一个圆圈里包括了你的四个焦点兴趣，另一个则包含你的收入来源。大部分的人一开始会觉得这两个圆圈是完全无关的，觉得自己的工作与自己“真正的人生”相去甚远。

对大部分的人来说，理想的情况应该是两个圆圈渐渐靠近，直到完全重叠。达到这个境界后，你的爱好就成为了你的收入来源。本章将告诉大家，哪些方法可以把这两个圆圈拉近。

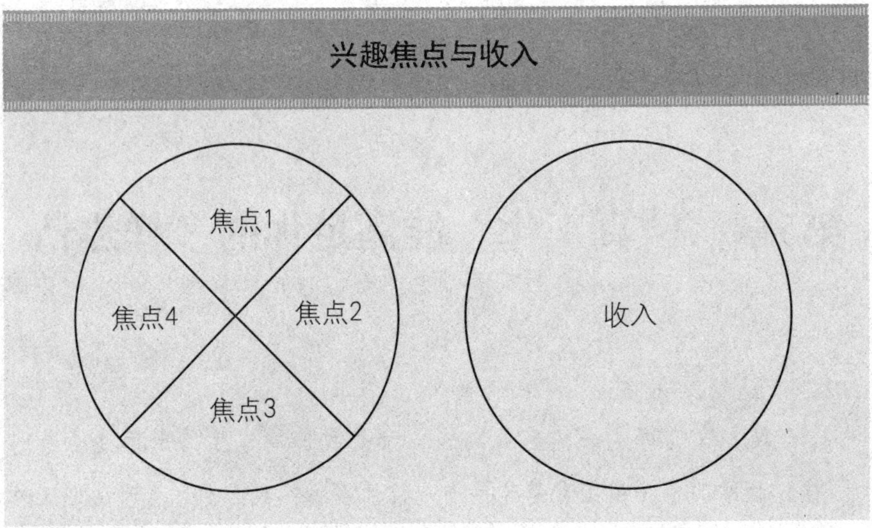

找一份贴近兴趣焦点的“真工作”

桑德拉是一名公关人员，为一位要求严格、暴躁易怒的社会名流工作。不过桑德拉更想靠着演唱节奏蓝调（R&B）维生。她上了发声课程，也在周末兼职演唱，但这距离她用演唱糊口还有一段时日。我们可以说她被一份她所厌恶的工作绑住吗？对桑德拉来说，左思右想难道只能得到一个老套的结论：别辞掉白天的工作？

完全不是这么回事！我们都知道，所谓的日间工作只是为了赚钱，而你在生活中其他地方找寻满足。可惜许多多面向发展的人才是这样规划生活的：他们在报纸分类广告或网络上搜寻他们自认“符合资格”的有薪工作，一旦每周四十小时（或者五六十小时）的工作安排就绪，便尝试把兴趣塞进工作之余的时间空当。一开始他们颇为乐观，充满活力。但后来呢，工作压力、办公室人事纠葛使得他们觉得疲惫。到了周末，他们只剩一丝精力去做原本希望能够从事的爱好，而且通常觉得无精打采又心情沮丧。

我建议大家选择一个我所谓的“真工作”。我用这个说法来提醒大家：工作只是工作，却也不仅是一份工作。找一份真工作，是你确保收入来源的聪明办法，它既可让你有收入又可让你贴近你的焦点组合。也许此时此刻你非常想辞掉工作，展开你的梦想，读完本章后你可能会对工作产生意料之外的正面观感。为什么？两大理由：因为你将学会如何选择一份工作，也将从这份真工作中认识到真正的自己。

如何选择一份“真工作”

与其在一份榨干生命活力的工作上埋头苦干，何不选择一份能够让你拓展你多样兴趣的真工作？

比方说，有个高三女学生在毕业那年的暑假，与家人到充满异域风情的地方旅行……就说是乌鲁木齐好了。她在旅行中对于那些编织篮子的老太太感到着迷，许多老太太已经90岁甚至上百岁了呀。这位少女具有典型的多面向发展特质，她渴望用相机拍摄这些老太太令人惊奇的面容，想赶紧写下老太太们的故事，以免她们的文化很快消逝。少女也想深入了解，为什么老太太们用当地的纤维材料编织篮子几十年了，双手却无皱纹也无老人斑。

少女回到美国后，立誓要完成自己想做的这些事。但她没有钱买机票，也不知该如何操作专业摄影器材。缺少充分的积蓄，她无法投入这项兴趣。

不消说，当这名少女翻阅报纸分类广告想找工作，她找不到几个工作是适合一个对于乌鲁木齐篮子编织手艺有兴趣的人！为了让这个故事增添些困难度，姑且假设这个高中毕业的女孩唯一拿得上台面的技能是简单的电脑资料录入。她需要工作，但她能做什么呢？

她可以为航空公司担任资料录入人员，这样她便能拿到飞往乌鲁木齐的减价机票。她也可以为摄影公司从事资料录入，这样她就能用特价买到最好的摄影器材来拍照。又或者她可以在《国家地理杂志》或《史密森尼博物馆志》这类杂志担任资料录入员，这些地方的同事能够了解她为什么对乌鲁木齐篮子编织工艺如此感兴趣，并帮助培养她这方面的兴趣。这个“真工作”，不但能让她稍微接近一点她的兴趣焦点，也有助于提高她的活力，而不是把她榨干。你可以想象，假如她在分类广告上随意挑选，最后是为保险公司或医疗诊所输入资料，前述的去航空公司或摄影公司工作不是更有意义，也更能带来活力吗？

我自己也有过真工作。我初创咨询顾问工作室的时候，刚开始的客户人数并不足以应付我的必要开销。大部分事业都是这样：需要一段时间让口碑传开，建立熟客群。既然我缺钱，我便去找一份真工作，我到附近一所学院教书，教的是职业驾驶执照的训练课。

这门课所需要的授课技巧，是全世界最没有创意的教学方式。校方指示我完全照着手册教，然后为学生进行模拟测验。校方忘记了，来上课的学生个个都是驾驶大型车二十年的老手，而我从来没搭乘过那类大型车辆。另外还有其他的问题。这堂课指定的教室位于学校的体育馆地下室，又湿又冷，还没有窗户。而且半数情况是，我去教室时门还是锁上的，我得去找管理员来开锁。一直以来我都在优秀的读写中心教书，来这儿上驾训课我却得用机械化又僵硬的方式授课。

我为什么还要接受这份真工作？因为，在我那个事业阶段，我必须同时做好几件事。我想重新研习新近的职场生态；我为了准备我自己工作室的讲义，需要用到能够自我整理装订的专业等级影印机。最重要的是，我希望结识职业辅导中心的专业人士，因为这些人负责为学校教职员安排训练课程和研习会。我这份真工作，不但让我的大脑有余暇应付其他任务，也让我在学生们进行模拟测验时可以有几小时时间阅读相关资料与书籍。我获准使用学校的影印机——只要我使用自己的纸。而且我既然是学校教员，我还得到一项重要的额外好处：我在免费对外开放的职业发展课程上，得到建立人脉的机会。我接下这份教职，不是只为了赚一点钱好让我的家人不因为我筹备新事业而花掉存款。我没有被这份工作耗损，而是利用这份真工作让我的新事业更快获利。

判定“真工作”的五项标准

真工作应该至少能提供以下的一项益处。若可提供两三项好处，那么这就是一份真的很棒的真工作。

一、收入或福利

就定义来说，真工作都能提供收入，但收入的多寡不一而足。有些人需要一直都能有现金进来，有人则有积蓄可以撑一段时间，一直到他的某一个兴趣焦点为他带来收益。有人可能会需要一点额外的资金或保险金，以维持自己个人或家庭的财务稳定。

减价优惠是另一项好处。你需要哪些事物来推展你的兴趣焦点？机票？专业服装？运动器材？我有一名客户在高中教拉丁文，他全身上下看起来都像典型的学者：毛呢外套，两袖手肘部位缝了皮革补丁。他的家里从来没有电视机。他的兴趣之一是写一本详谈希腊思想史的书。想写一本书，纸笔似乎已经不合时宜了，他想拥有一部可以协助他工作得更有效率的电脑。因此在某个暑假的六或八个星期里，周二及周四早上可以看到这位学者到电路城（Circuit City）消费电子产品连锁专卖店工作。他刻意要求在一周当中来客数最少的时段上班，这样他才有时间了解哪些电脑款型正在特价销售，又有哪些软件符合他的需求。他赚到了足够买新电脑的资金之后，便用员工优惠价买下，然后就辞掉了那份工作。

二、活力

一份真工作能帮助你保有活力，让你在下班后仍然有许多精力从事你的焦点兴趣。很少人知道，真工作可以平衡活力。举例来说，有个客户第一次来找我咨询时就告诉我，他在一家保险公司做事，但他真正想做的是写小说。我与他继续讨论，他决定把原先这份高薪的保险事业当成真工作，然后把余暇时间用来写作。那个星期的星期五，他打电话来，语带恐慌："我不知道发生了什么事，昨晚我坐下来想写作，最后我却和一个朋友出去打保龄球。可是我根本不喜欢打保龄球！"

我问了他几个问题，才发现他的真工作不是我以为的保险业务员，而是个整天窝在小隔间里用电脑计算平均寿命表的精算师。可想而知，假如他下班后还独自在家面对电脑，这不会太好玩。这时候若有朋友打电话邀他出来凑一脚，他便应声而去。这名客户需要的是一份社交性较高的真工作，好让他平衡写作的孤独。后来他与公司的人力资源部门谈过，转调到一份有比较多人际互动的职务。

如果你的某个焦点兴趣是需要对别人发挥爱心与提供照护，你的做法可能要与上述做法相反。假如真工作和焦点兴趣需要相同特质，你的耐心可能很快用尽。这种人最好能避开医院、人力资源部门或其他需要解决别人问题的工作。

三、时间

假如你的真工作能够让你阅读、打电话，或者使用电脑，那么这份工作便可为你节省时间。假如你的上班地点交通便利，就可以每天为你省下一两个钟头。有时候，想完成你的兴趣焦点，你需要在每年或每天的某段时间都空出时间。我有个在中学教艺术的客户，对生活感到无聊，她的兴趣之一是担任志愿者照顾来日无多的重症儿童。但那些儿童最需要她的时间是每天的早晨，也就是孩子们的双亲在工作，而孩子们精力正旺盛的时刻，但早上恰好是她无暇分身的时候。于是她找了一份能够让她早上空出时间的真工作。

我再度见到她时，她双手弯成杯状，伸向我，仿佛向我献上一件珍宝。她手里是一张征求个人看护的分类广告。假如我在第一次跟她会面时就说她可能会想做居家看护，她八成会把我当作神经病。然而她现在发现这个招聘广告时，兴奋莫名。这份工作是要照顾一对富裕的高龄姐妹，薪水和她当时的日间工作一样多，而且工作时间非常完美：每星期，从周日早上七点半到周二早上七点半，一共两天；其间假如她留下来过夜，还可另外支薪。由于她表现出比其他九十名应征者更高的热忱，于是她被录用；周二到周五的早上，她在一处安宁病房担任志愿者。

四、训练与设备

别瞧不起那些可供你使用昂贵设备受训、进一步磨炼你为了追求兴趣焦点所需技巧的机会。你现在这份看起来不怎样的工作，如果提供了语言学习视听室、内容充实的图书室、免费电脑课程、进修班或其他研习机会，或许就可变成相当不错的真工作。我有个客户，在一家制造大型工业建筑排气设备的公司里做基层工作。他对排气设备毫无兴趣，但是他训练自己学会使用公司的电脑和设计软件。他的上司颇为欣赏他的态度，因此同意让他参加公司举办的电脑辅助设计课程。

五、建立人脉，自我宣传

这样的真工作，可以让你在一个得到共事者的了解，又能与你沟通的地方发挥技能。我有个客户是位中年丧偶的太太，她必须重返职场。

她以前有秘书工作的经验，但内心真正喜爱的是艺术。我和她都知道，没有正式的训练，不容易立刻进入艺术事业，但她可以在附近的小型美术馆从事基层行政工作，她会有机会找馆长与志愿者讨论她喜欢的主题。她接下这份行政工作几个月后，有一批宣传新展览的传单送到美术馆。她询问是否可以让她利用传单与其他材料在一块空白墙壁上为该展览设计一个宣传的展示作品。她在那个周末发挥了艺术天分，到了星期一交出相当抢眼的作品。展览结束后，该拆下那个宣传作品了，同事们都认为，空白的墙壁看起来空虚凄凉，于是请我这位客户再创作另一项展示作品。事情就如此进展，每当美术馆有新展览，她便去找相关工作人员讨论，合作设计宣传作品；直到有一天，有人提到另一家美术馆有一个陈列展品的职位在招人。有了同事的祝福与推荐，她申请到这份工作。没多久，这位欠缺专业美术学位的女士，便进入一间颇孚众望的美术馆，得到一份薪水高得多的工作。

别让工作变成你的“黄金手铐”

你说，你现在这份工作是一份“真实”的工作，你为了这份工作接受训练、勤奋努力，并获得应有的待遇，而且你正朝向成功迈进。我说，假如你的兴趣在他方，再成功的事业也可能只不过是一份带来薪水的工作，但它会耗尽你的精力，让你无力投入新的挑战与爱好。如果这正是你的处境，那么先前提到的几项真工作标准也适用在你身上。请你先拿你现在的工作对照上述“真工作的五项标准”，看它为你带来几项好处。如果它没有为你带来上述的任一好处，我接下来要问你：你现在的工作，能不能借由某些新做法而符合这些标准？譬如你能不能在午休时间利用办公室设备？你能不能在其他部门认识几个具备某些技能的人，他们的技能有助于推展你的兴趣吗？你的上班时间是否有弹性，让你可以每天晚几个小时进公司、晚几个小时下班，于是你可以把早上的活力投入你真正的爱好？

许多拥有多种热情与兴趣的人，最后不得不向公司里的心理辅导室求助，因为他们“讨厌”“鄙视”“再也受不了”目前的工作，多做一分钟都不行。但一旦他们了解唯有追寻兴趣才能体现他们的特质，他们通常会决定留在现职。假如工作只是工作，它便会惹人厌。但假如它是一份真工作，就可带来在别处赚不到的时薪，或者因为他们对这份工作如此熟悉，闭着眼睛做也可以完成任务，所以他们可以把更多心思放在自己的焦点兴趣上。如此一来，工作不再是“黄金手铐”（译注：golden handcuffs，这是指企业以红利或优厚的退休条件留住员工的做法，像是黄金的手铐），办公室里的牛鬼蛇神和人事倾轧变得有趣，不再是累人的事，而且他们也比较不会变成工作狂，因为他们的认同感已经不放在工作上了。

好的真工作

以下列举若干个“好的真工作”例子，以及它们的好处：

☐ 在附属学院担任讲师：可让你使用学校的艺术教室里捏陶用的转轮。

☐ 停车场或电影院的收票员：可让你拥有许多不受打搅的时间阅读。

☐ 美容院的柜台接待员：想让许多人知道你刚刚开了一家按摩店？美容院是个不错的地方。

☐ 婴幼儿诊所的助理：让你有机会分发宣传册，推销你自己贩售的哺乳期女性专用运动服。

☐ 小型社区有线电视公司的销售代表：可让你接触到节目摄制的工作人员和电视制作的技术领域。

☐ 担任企业女强人的专业秘书：让你有机会为自己以后的室内设计公司建立客户群。

☐ 知名连锁饭店的业务代表：借此机会为自己想开设的公关活动公司建立人脉。

☐ 青年旅馆的经理：借此取得经验，为你将来的家庭旅馆事业铺路，或为你日后的清洁事业或餐饮外烩事业找到有力的推荐人。

☐ 大型企业的人力资源职务：所取得的经验和人脉，有助于你跳槽到人力资源公司，或开设自己的人力资源公司。

你的身份认同应放在兴趣焦点上

人人都在各种社交场合上被问过：“你是做什么的？”我们对这问题的习惯答案反映出一件事：我们赚钱的方式，从某个角度来说等于我们的身份认同。如果你碰巧喜欢你那份会寄给你薪资所得扣缴凭单的工作，那么我这句话对你来说就可以成立。如果你是房地产经纪人，喜欢把人们引介到他们可能会喜爱的地点，那么你谈论工作时便会神采飞扬，听你说话的人会对你留下好印象。但如果你热衷于了解那个偏远的乌鲁木齐，而你白天的工作却是在一家保险公司录入资料，你可能就会用一副认命的口吻和身体语言对别人说：“噢，我在某某公司上班。”你每回答一次，就更觉得自己的人生失败。你说完，发问的人绝对不会说：“啊，你真该和我姐夫聊一聊，他在大学里教乌鲁木齐文化史！他正在找研究助理！”因此，为了让你的兴趣与你的收入尽可能接近，请记住以下两点：

第一，你的身份认同必须是在焦点圆圈里面，不是在你的真工作圆圈里！你不是那个整天像机器一样搞法律文件的人（真工作），而是一个“受训准备参加极限竞赛的滑雪选手”（兴趣焦点）。你不是一位不动产估价师的助理（真工作），而是“绘制美国内战路线图的绘图员”（兴趣焦点）。

第二，每当回答“你是做什么的”这个例行问题时，都要以你的兴趣焦点作为答案，而不是回答你的真工作。

我在教职业驾照课程的那年感恩节假期的家庭聚会上，十来个亲戚问我“最近在做什么”。我并没有回答“噢，我在教卡车驾驶员们如何通过那个愚蠢又无意义的测验”，这会让大家既困惑又感到讪讪然。相反地，我谈起我为我的新事业制作宣传手册的时候遇到了哪些课题，并得到热烈的回应，譬如：“你知道我是做绘图设计的吧！要不要把你的问题用电子邮件传给我？”

当你把重心放在你的焦点上，就会发生奇特的事：原先由于把身份认同与工作混为一谈所带来的压力消除了。工作的时光变得轻松、更令人精神奕奕。再以我的情况来说，我那时候在潮湿阴暗的地下室里教那可笑的课，对着一群比我更了解我的教学主题的人说话，如果我把这份工作当成我的身份，那么我遭受的那些不当待遇可能会让我吃不消。我可能会把学校里琐碎的办公室政治当一回事，我还会想弄到像样的暖气设备、教室钥匙或者升迁机会。如果我想靠着职业驾驶执照老师的地位获得尊重，并以此作为身份，我可能会想办法说服那些卡车司机背诵指导手册的全部内容，而且要认真看待模拟测验——然后我就会由于他们的反抗而感到挫折。

但是我没有。我知道自己只是用这份工作来得到我想要的事物，我也知道这份工作与我的身份认同无关，我没把办公室人事与老是上锁的门当成冲着我来的问题。我和卡车司机们一起开心上课，而不是与他们对立。上最后一堂课的那天，他们起立为我鼓掌，送我一张百货公司的礼券——这可是学校里的头一遭。没多久，我得到一份更好的真工作，负责讲授教职员的生涯发展课程！

拉近兴趣与收入的距离

在做本章一开始的“兴趣焦点与收入”圆圈图时，我大部分的客户一开始总会发现，他们的这两个圆圈离得很远。他们一方面必须有一份能挣钱的工作，一方面想办法推展他们的焦点兴趣；这时他们还没有从与兴趣有关的任何活动中赚得收益。但是他们建立了人脉，存下一点钱，参加了课程，当了志愿者或实习人员，学到新的技能。慢慢地，当他们有客户上门，或者找到资金之后，就逐渐能用兴趣来创造收入了。最后他们会赚到足够的钱，于是可以减少真工作的时数，或者完全辞掉那份工作。

此外，你必须理解，有些人刻意不让自己的爱好成为收入的来源。有人宁愿保有一份稳定的工作，好让他们能够轮替着从事不同的兴趣，而不要把兴趣变成事业。有人发现，兴趣一旦变成了收入的来源，所得到的乐趣就不再纯粹。我曾与一名陶艺家共事，他第一次来找我的时候很激动：“我绝对绝对不想在市场流行小猪的时候就必须雕刻小猪、流行小马的时候又雕刻小马。我不要老是担心着：‘今年艺廊想买什么样的作品？’”同理，我有些客户的兴趣是无法用来生财的活动，譬如打坐冥想或者陪伴小孩。假使你不能用你的焦点兴趣来赚钱，你也不必认为你这项焦点兴趣就不须认真看待，或者不值得你专注。

但有些人很希望这两个圆圈能重叠，下一章就提供了策略，教你如何用爱好来赚钱。

第6章 多样兴趣会更加夯实你的经济基础

我做过一份无聊的工作，这工作使得我没办法去做我最感兴趣的事。现在我的工作是为足球和棒球比赛规划场中的娱乐活动，这样一来，我对于音乐、娱乐和组织事物的喜好，就全部整合在一份专业工作里了。

——崔西，25 岁

别人假如拥有我的几种能力，我知道他们会加以利用作为生财工具：自己开业当生涯规划顾问。但我心知肚明我无法实现这个梦想。我就是没办法为了拓展业务而到处卖力宣传自己。

——葛瑞芬，35 岁

喜爱变化的人，每一次转换事业都非得从头开始不可吗？答案是“不必”，理由很多。

有些人觉得，不断应付一个接一个的新事业或新工作是很有意思的冒险。一个多面向发展的人通常不会打定主意只投入一种事业。他们在找到一份安身立命的工作（如果他们真的能安定下来的话）之前，会以探索的精神来追求自己的种种爱好。举例来说，李·克拉维兹（Lee Kravitz）到了33岁才拥有一份“真实的”工作。他从耶鲁大学毕业后就和几个朋友合资买了一部房车，一起开车前往土耳其、伊朗、巴基斯坦、印度、尼泊尔和阿富汗等国旅行了两年。他住过伦敦、巴黎，也在以色列的合作农场待过一段时间。然后他“口袋空空”地回到出生地克里夫兰。接下来几年，他为一家杂志社担任自由撰稿和摄影师，晚上兼职当酒保。“我从来不在一个轨道上追求一个事业。”他说，“我跟着自己内心走，出去探索世界，与别人分享所学。”后来他在知名的“学院出版社”（Scholastic）找到工作，把他的活力与经验用来创办一份青少年杂志——这项资历是不错的历练，为他铺了路，现在他担任全球发行量最大的杂志《游行》（*Parade*）的总编辑。克拉维兹这个杂志总编辑，仍在继续学习新事物，目的也还是想对别人诉说故事，丰富别人的生活。

然而，许多人认为基层工作是枯燥沉闷的。你进入一个新领域，负责最基本的职责，领最基本的薪资。你以前的同事成为公司的股东，买了别墅，但你在为新老板泡咖啡（这是你在收发了传真之后的任务）。可是我们没有理由认为你非得从企业食物链的最底端开始才能够转换跑道。就如前一章讨论过的，这份受薪的工作是一项选择，是你在训练自己投入新兴趣的时候为你带来收入的方式。等到你可以用焦点兴趣赚取收入之后，你在职场的贡献可能会超出你的想象。

接下来我要告诉你如何诠释自己的能力，让你自己和你日后的雇主看到你多彩多姿的履历表和你的潜力，然后进入“工作模式事业开展法”这个主题。

有一个方法可以让你不必从基层开始重起炉灶，那就是自己开业，或者当自由接案工作者。许多人拥有足够的知识可以制造商品或服务客户，却担心自己无法应付为了独立接案所需要的销售及宣传工作。本章将会呈现几个例子，说明有些厌恶“自我推销”的人还是能自创事业的。

转换事业不必非得从基层开始

多面向发展的人才在追求新事业的过程中，会累积各式各样的经验，这些经验就是能力资本，在日后又转换事业的时候可以派上用场。

恩斯特 · 厄维特利（Ernst Urvater）运用自己的能力资本，做了一次相当大胆的事业转换。恩斯特一开始在一处国家级的实验机构工作，研究基本粒子物理学。离开实验室后，他在大学教了十年书。那么他最近在做些什么呢？他靠自己的资金制作各种主题的纪录片，譬如海中塑胶废弃物所造成的影响，以及教授钢琴的说明影片。

恩斯特是不是从头开始，先花钱去读电影学校，然后循例到制作公司当实习助理呢？他的过程不完全是这样。他教书那几年，所任教的大学买下了一间电视摄影棚。喜爱多项事物的恩斯特抗拒不了这个诱惑，便参与拍摄工作，为理科学生制作教学影片，因此有了影片制作的实际经验。到了他决定转换跑道的时候，他已经学会了剪辑影片、撰写脚本，还懂得向政府申请赞助资金。他进入新领域的时候并不是懵懵懂懂的新人，而是具备了科学知识、教学方法和广泛学术界人脉等基础。

瑞贝卡 · 莎薇克（Rebecca Southwick）一直想做自营事业，不管是担任心理治疗师、另类疗法专家、房屋改造专家或者作家都好。她去申请了一项重建老房子的社区改造工作，她的丰富经验使她在所有应征者当中脱颖而出："我能获得这份工作，是因为我做过木匠同时又有心理治疗的背景。这项重建计划问题丛生，需要一个能够同时了解承包商与屋主的人来与他们共事。他们很清楚，我在心理治疗工作上发展出来的协商技巧对于这份工作是非常有利的。"

类似例子还有海瑟 · 科尔森（Heather Colson）。她接受过花卉培育、电工、按摩师和农场经营的训练，不过她最后成为雕刻家。她只上过一堂艺术课，但现在她用艺术所赚得的收入不但能养活自己，也足够她维持她所拥有的一座美丽农场。她觉得自己以前当按摩师的经验也是某种形式的艺术教育："我常常很认真地想着某一块骨头是如何运作的，譬如踝关节，或者我想着某块骨头如何与其他骨头连接，但怎么想都不对。可是如果我不是用想的，而是交给双手去做，就都会做对。"她转换事业时是否从头开始呢？并非如此。

有时候，经验比你想象的更管用。茱莉终于下定决心，要做一件她想了很久的事：她已经做熟了银行业务，接下来她想从事募集公益基金的工作。她的目标明确，但她觉得自己缺乏相关经验，因而裹足不前。她是单亲妈妈，有个稚龄女儿要养，她没办法从基层职位做起，也没办法去大学进修非营利组织的MBA课程。

我不要茱莉被这些阻碍绊住。我叫她想象自己是一个非营利组织的负责人，正需要雇用一名负责募款的员工，她会希望这名新员工拥有哪些特质？

"接触陌生人的经验。"她马上回答。我对于她的迅速与自信颇感惊讶。原来茱莉在大学时代曾经兼职当过电话营销人员，而她确实喜欢这份工作。因此她其实拥有两项资产：与陌生人接触的经验，以及她可以热爱一桩多数人——甚至是多数的募款人——都不喜欢的差事。

茱莉回忆起她女儿就读的小学有一回在卖餐券，她在那天早上得知还有将近二十张票尚未卖出，于是她问校方能不能让她试一试。学校秘书抱怨说："餐券委员会的家长两个星期里才卖掉十张票。现在才要卖已经太晚啦。"不过茱莉仍取得了秘书的同意，拿到了那些餐券，而且还不到午餐时间便销售一空。这又是一项傲人的成就。我建议她想办法去取得女儿学校和电话营销公司的推荐函，并善加运用她这两项经验。

我还和她讨论到，非营利组织将会欣赏她在目前任职的银行所培养出的工作技能。她有财务概念、有责任感、衣着得体，而且很懂得如何与那些把荷包看得很紧的人攀谈。

茱莉找我咨询过一次之后，对她自己所拥有的技能组合有了全新看法。她现有的工作与她梦想的工作之间的距离大大缩小了。她不会一夕就变成专业的公益募款人，但她带着自信，一步一步接近目标。

再来看玛莉安的例子。她来自加州南部，年轻而活泼，穿着打扮一如时尚模特儿，跳起舞来颇具专业水准。然而她来找我的时候，觉得很无聊。她不是对于个人生活感到无聊，她才刚与伴侣买下一间很棒的新房子，前次到巴厘岛旅游所拍摄的照片还没有整理，而且她交游广阔，她说："我可能一整天都在MSN上面讲话。"

然而工作就是另一回事了。"我每一次失业，就会无意间遇到其他工作机会。我在某个聚会上遇到朋友的朋友，对方听说我正在找工作，就告诉我某地方要人。我因为很喜欢尝试新经验，就说'好呀'，然后做一阵子。接着不是我自己做腻了，就是公司被并购，或者我被解雇，总之都是诸如此类的事。然后我又会遇到某人，再到某地方工作……可是新鲜感消失之后，我就再也无法对工作起劲，而且我掩饰不了我漠不关心的态度。"

我从她的最后一句话出发，要她思考哪些兴趣能抓住她的注意力，不是要"永远"抓住，而是她做哪些事情的时候，最初的新鲜感消失后她还能做一阵子。她想了想说："购物和旅行。"然后她叽叽喳喳告诉我，有些人崇尚健康食物，却不注意他们拿什么来喂自己的宠物，而其他那些注意宠物营养的人必须开车去大老远的地方找健康宠物食品。"这简直是罪过！"玛莉安说，"宠物健康食品和人类健康食品一样重要！"

我问她："你认为该怎么做，可以让别人很容易就买到宠物健康食品？"脑力激荡一番后，玛莉安做出结论："需要有人生产、有人说服商家进货，还要有足够多的人想要购买，才能让商家持续订货。”

玛莉安为自己想出了绝佳的兴趣焦点组合。她为了赚钱（毕竟还得付房屋贷款），将会去健康宠物食品制造公司当业务员，把公司的产品卖到全加州的零售渠道。玛莉安指出：“这一方面可以稍微满足我的旅行欲望，又不至于离家太久。”同时，她要运用自己的热忱与活泼个性，向宠物饲主宣扬健康宠物食品的重要性。她说：“我可以参加谈话类节目，可以在宠物店设宣传摊位，还可以为报纸写文章和专栏！”这件事被她当作兴趣，觉得它未来可能会成为可以带来收入的演讲工作或顾问事业。

玛莉安打算如何落实想法？我请她列出清单，写下她自从毕业以来“无意间”做过的所有工作。她说得没错：她做过的职务像是大杂烩，没有任何一项与购物或旅行有关。她曾经担任总机接待员，为保险公司撰写文件，为电话公司训练客服人员，有将近一年的时间在大专院校的体育科系推销运动衫、帽子及其他配件。她可以在自己的工作组合中强调她的说服力与销售经验，而且她在面试时显然会表现抢眼。同样地，经过一番研究后，她可以有效运用自己的写作技巧和创新活力，来让宠物饲主们得知营养食物对宠物的价值。

几个月前我收到玛莉安寄来的明信片：“你相信吗？我靠着销售有机狗粮和猫粮赚进五位数美金的高收入，而且还有人花钱让我去夏威夷开会！我在这里举办的犬类繁殖业者研讨会上做演讲，探讨与大型犬类的营养需求有关的最新研究。有人问我，能不能在会议结束后为一家全国性出版刊物撰写这次研讨会的内容！这下我可不会无聊了……”

如果你看不出该如何把自己在某个领域的技巧、能力和个性特质转移到另一个领域发挥，不妨试试下面这个练习。你也可以写在自己的笔记本上。

如何把你的技能转移到新职位

你在新的爱好领域里，想取得什么样的职位？请加以描述：

....

....

....

假设你要负责为你想要的这个职位雇用新员工，你理想中，这位员工应该拥有哪些能力、技巧和个性特质？请把条件写下来。（如果你不知道该怎么写，请做一点研究功课，再回来进行这项练习。）

技巧

....

....

....

能力

....

....

....

个性特质

....

....

....

现在，请列出你工作过的职务，包括受薪工作与义务工作。

....

....

....

看着你做过的每一项职务，思考每一份工作所包含的相关能力、技巧或人格特质，不管你在担任那份工作的时候是不是认为需要用到这些条件。然后，回到“技巧”“能力”“个性特质”这三栏，看着你写下的理想员工条件，在每一个你认为自己符合的条件旁边打一个星号。然后，为自己写一份履历表，根据你打了星号的能力、技巧和个性特质来写。可能的话，设法找几个看过你展现这些理想员工条件的人，请他们为你写推荐函，强调你的工作表现凸显了上述条件。

如果你欠缺几项重要能力或其他特质，可以考虑去找一份真工作，或者兼职志愿者，或去当学徒或实习生（关于这方面的详细探讨，请见第7章），好让你加强你尚未娴熟的领域。

七个诀窍让你更好地在未来雇主面前展现自己

老板不关心你是一个多面向发展的人或者你是某方面的专家，他们只想知道你能不能完成任务。由于初步过滤履历表的人和老板都很忙，所以你必须在履历表上和面试的时候都清楚地展现你的相关技能。接下来要告诉各位几个诀窍，感谢史密斯学院职业发展中心的副主任珍·桑默（Jane Sommer），以及伯纳学院职业发展中心主任珍·瑟文（Jane Celwyn）两位提供宝贵建议。

一、你要了解族群习惯。桑默副主任指出，一个拥有多方面兴趣的人必须知道，每一种工作都有它自己的次文化，也都有一群人生活在这个次文化之下。她说：“如果你想从外界加入，就得学习这些族群的打扮与说话方式。”若想取得这方面的知识，可别直接把履历表寄出去。你应该先找这个族群里的人谈一谈。不妨问他们：“我要怎么做才能像你一样成功？你的工作领域会遇到哪些挑战？”他们的回答，会透露许多他们这一行业里的普遍价值观，以及这份工作需要哪些技巧。聆听他们的用语，记下他们的行话。他们是说“客人”还是“客户”？他们谈的是“核心竞争力”还是“基本执行力”？桑默说：“把这些用语拿来对照你对你自己的认识，如果两者相合，那么你就采用他们的用语。”

二、你要使用那个族群的语言来写你的履历表。你找了几个该族群的人谈过了，认定自己想加入他们，接下来你就要把你从他们身上学到的东西运用在履历表上。桑默副主任举了一个例子。有个人曾经从事艺术品营销，后来想转任律师助理，她寄了一份履历表到位于北欧的律师事务所。她符合该职务的许多条件，但是桑默说：“她把履历表写得像是在应征市场营销职位：强势、锐利、使用营销术语、连珠炮、再三提到她在‘顾客’方面相当在行。但她必须想一想法律界的文化与从业者是哪一种族群，而且她应该用‘委托人’这一字眼，减少强势营销的味道。她必须更注意她说话的语气与用词才行。”

三、履历表上不要只提到工作技能。以工作技能为主的履历表形式，是根据不同的技能项目，把过去的经历分门别类，而不是按照由过去到现在的顺序列出工作经验。这类型的技能履历表近年颇为流行，而多面向发展的人经常采用这种履历表写作法，用来掩饰自己不寻常的工作经历。但瑟文主任说这正是问题所在：“工作技能式履历表会被扔到垃圾桶。雇主会认为这只是在掩饰缺点。”所以，你应该只在履历表的第一页简单描述你的相关技能，以此引导雇主如何来看待你这个人。

四、在你的背景和你想要的工作之间，找到一个公分母。你要在履历表中直接表明，你拥有未来他们需要的技能。桑默建议在履历表中这样写：“我担任过多种职位，其中的共通点是某某。”别指望那些忙得不可开交的主管会有闲情逸致在你的履历表里挖宝，你就自己把这个宝指出来吧。

五、不必辩解。最好不要让人家觉得你在为自己辩解，为你想转换事业的渴望找理由。小心使用“虽然我目前是律师，但是我……”或“尽管我从事过数种领域，但是我……”这类句子。

六、把这份职务没有明白要求的技能也提出来。当然，你在面试的时候会想先强调最有关系的经历。但瑟文指出，你既然是一个多面向发展人才，可能也具备其他日后也许用得上的技能。你能不能说外语？会不会操作影音设备或绘图软件？你是否在旅行或留学时了解了其他国家的文化？你是否展现出团队合作的能力或者曾在运动团队表现出领导力？这些特质也许不会明列在这份职务所需要的技能清单上，但你可以把你这些技能列在履历表上，并在面试的适当时间提起。说不定某项特质就可以让你在竞争中显得突出。

七、要有心理准备，面试人员是比你年轻的人。如果你已经超过30岁，你可能会发现这位面试你的人年纪比你小，尤其是假如你面试的公司属于对年轻人有吸引力的科技或创意产业。桑默指出，雇主可能会在心里纳闷儿：这个人会听我的指挥吗？她要她的客户在面对主管的疑虑时明白指出来：“如果我是你，我可能会担心，像我这种年纪的人会不会乐于接受指挥。不过请你放心，我相当尊重你的专业，也期望能够在这个领域一方面学习，一方面做出贡献。”雇主可能也想知道你有没有足够的电脑操作能力。如果你的职位要求员工必须熟悉某个专业软件，那么就去把它学会，然后把这项能力列在履历表上。

两类“工作伞”让你兼顾工作与兴趣

对于希望在一份工作里包含自己多种兴趣的人来说，“工作伞”是一个可以遮阳挡风的庇护所。你可能还记得本书前面说到的，用一把工作伞来包含多种活动，而这种兴趣之所在在别人眼中看来，仍只是一份传统的工作或爱好。专业特点个个不同，工作内容也就各式各样，可以包括新闻业、企业管理、教学、诉讼、咨询、投资创业甚至企划等种种行业。有些工作经验可以终身适用，有些则否。由于工作可以配合多种同时发生的兴趣，又能提供一个“正当的”的工作头衔，实在值得你好好探索，找出一把能够顾及你目前几项焦点兴趣的伞。

当然，几乎每一种工作都牵涉到几项任务。高速公路收费员要处理多项职责：找零钱、与上司和平相处、记录工作日志，并为迷路的驾驶员指点方向。然而工作伞不只包含职务，也提供机会让你实践你热爱的事。除非找零钱和为人指路也是你的兴趣，否则高速公路收费就不能算是适合你的工作。

这并不表示，工作伞之下绝对不会包含无趣的任务，或者绝对不会出现不愉快的时刻。举例来说，新闻业可以满足你对写作、旅行的兴趣，还能与有意思的人物交谈，但新闻业也涉及了你可能觉得没意思的工作，譬如到处找合适的采访对象、在机场接受安全检查，公司还要求详细填写工作日志。你可能热爱“新闻”这把工作伞，但你不喜欢每一次要出门赶赴你觉得兴奋的新任务之前得先找人来帮你照顾你的宠物。

如果家人或伴侣担忧你的未来，那么等你找到了一把工作伞，有了一个他们听过的“工作头衔”，他们说不定就能松一口气，觉得你总算找到一份能够“永远”持续下去的事业，然后强烈支持你。不过还是要小心：如果家人或伴侣以为你因此就能开开心心往上攀爬，然后名利双收，那么将来你厌倦了这个工作伞，想要转换跑道的时候，他们对你会更加严厉。请你不要用工作伞来避开沟通，不与你关心的人诚实谈论你内在对于多面向发展的热情。

第一类工作伞：工作程序重复而工作内容不断变化

工作伞可以分成两种主要类型。**第一类型，包含一项会重复进行的程序的活动，或者一套可以运用在多种地方的技能。**

一个作家的工作伞

一把工作伞，不见得能保护你永远不受外界批评。派翠西亚·贺兰（Patricia Horan）对此有亲身体会。身为作家，她自然对“你是做什么的”这个问题给出清楚而“可接受”的答案。她可以简单回答：“我是作家。”或者回答：“是的，我还在写作。”没有人对她投以担心的眼神，也没有人会说要帮她找一份“真正的”工作。

但我们看一看派翠西亚在她的工作之下所囊括的兴趣项目：她针对女性读者写了一本关于居家修缮的书；她曾经得奖的诗作将被改编成戏剧；写一本给儿童看的书；为一份专业劳工期刊撰文；为百老汇知名演员写剧本。她与我首次会面时，正在写有关时间管理和风水的书。

她的工作确实很容易让人一听就知道工作内容，但别人常说她为什么不锁定一种文类好好写。有时候她不会把自己做的事情一五一十告诉别人。她说：“如果要我照实说，我可能就得在身上背个看板才行！”

最后，派翠西亚对于别人的意见已经不放在心上了。“真可惜，我其实很能听取别人的批评。”她若有所思，“可是，假如我正在写的东西不再吸引我了，我就会有强烈冲动想往前进。这种冲动是少数几件我不会自责的事。假如我不往前进，我没办法应付我必须停在原处的无聊难耐。”

例一：书籍编辑

我敬重的编辑克莉丝·普波罗（Kris Puopolo）在编辑每一本书的时候，都遵照同一套基本流程。她先阅读初稿或者投稿提案，然后洽谈版权事宜、与作者讨论、针对素材做取舍，再与美术编辑、营销宣传部门合作，想书名、设计封面，研拟营销计划。这一连串步骤自有一套逻辑，所以她通常每一次都依照相同顺序来进行。然而克莉丝在谈起自己的事业时，显示她拥有一把宽广而多彩的工作伞：

"我喜欢编辑不同种类的书，这些书让我有机会接触新的概念。譬如我最近负责一本谈工艺品的书。我本来不是工艺品迷，可是我在处理原稿时，学会了欣赏工艺创造背后的理念，那是与消费无关的观念，而是与创造有关。你可以说我是在文字世界里欣赏工艺艺术，而不是从实际作品来认识工艺。另外有一次，我在编辑有关瑜伽和抑郁症的书。一开始，我是因为对心理学有兴趣而认同那本书，我其实对瑜伽所知甚少。不过公司付了我薪水，要我认真看稿，现在我开始练习瑜伽，而且还说服我妈也一起尝试。因此，没错，我用类似的流程经手每一本书，可是我喜欢像这样借由编辑工作而从一件事跳进另一件事里。"

例二：拍纪录片

我访问肯·伯恩斯（Ken Burns）时，描述了这种工作伞式的兴趣聚焦法，这位得过奖项的纪录片制作人一听就说："你找对人了！我想拍纪录片，是因为我想用这份工作来让我生活的其他部分一起得到收获。"他接着罗列出那些"其他部分"是什么：写作、经营小型公司、与别人合作、编辑素材。这还不是全部。这把伞也包含了他的优良体能（"你得保持健康才能每天工作十五个钟头"）、剪辑技巧（"我得剪掉一点‘珍贵画面’”）、对于非直线思考的热爱，以及细腻掌握音乐、音效和文字的能力。“当然，我也有点像是在传福音，因为对我来说，我做的事很重要的地方在于我要与别人分享我在影片背后所看到的意义。”不过伯恩斯同意，尽管纪录片的创作有多种可能性，但对有些人来说，拍摄纪录片也可能变得公式化，因此他特意设法让工作保持新鲜：“我很喜欢找年轻人来一起拍片。他们还没学到‘正确的’做事方法，所以能带来让人耳目一新的创意。他们犯的错会变成我们的挑战和学习……制作过程中的每一步都让人觉得既熟悉又充满新鲜感。”

例三：教书

另一种工作伞是教学工作。教学通常有一个过程：传达资讯并教导、布置作业给学生、维持纪律、鼓励学习热忱与好奇心；但是教学工作每年都得面对一批新的面孔与个例。小学老师不只教一门科目，而是五门以上，语文、数学、写作、自然科学和社会，因此可以多方施展教学技巧，从中大大地得到乐趣。小学老师的热忱在于“教学”这件事，而不见得是教授特定的东西，譬如三年级数学或拼音课。对于一个多面向发展的人才来说，他的快乐来自他可以同时教导多种科目，而且又要挑战自己把每一科都教得好。

例四：写作

写作也是一种可以让人觉得充实的工作伞。以普利策奖得主作家特雷西·基德尔（Tracy Kidder）为例，他所写的非小说类书籍仿佛都遵循某种模式：他在某处变成了墙上的一只苍蝇，别人视之如无物，然后他描述这只苍蝇学到了什么事物。然而他所停留的地方会有变化：一家快速发展的电脑公司，如《打造天鹰》（*The Soul of a New Machine*）；

一所贫民区的学校，如《学童纪事》（*Among Schoolchildren*）；一个处于发展中的城镇，如《乡园》（*Home Town*）；一家老人安养中心，如《老朋友》（*Old Friends*）；一栋正在搭建的房屋，如《房屋》（*House*）；一所位于海地的乡下诊所，如《爱无国界：法默医师的传奇故事》（*Mountains Beyond Mountains*）。他的日常生活经验、所遇到的人物、所需要了解的事物，都随着每本书的主题而陡变。基德尔在接受我的访问时说："能够靠着满足自己的好奇心来赚到钱，实在太棒了。""写了《打造天鹰》后，我大可多写几本谈电脑时代的书来赚钱过好日子，但是我不要那样做。其实，光想到要一直撰写与电脑有关的书，我就觉得害怕！"

第二类工作伞：追求单一兴趣但过程涉及多样事物

第二种工作伞的形式是：追求单一兴趣，但在追求的过程里要身兼数职。以罗伯为例，他任职于全美首屈一指的生活历史博物馆"科纳草原"（Conner Prairie）。多年来，罗伯对于如何呈现乡村及农场生活的博物馆深感兴趣。他进入了科纳草原博物馆工作，负责研究1886年的印第安纳州农家豢养哪些动物，并加以呈现出来。为了找出那些动物，他得做学术研究，还得协助复原一座旧谷仓的外观与结构；他参加了品酒活动，针对可能的捐款对象展示他的研究计划；他想办法追踪那些现在还在培育罕见品种的猪、绵羊和鸡的饲主，甚至得租拖车去运载一头乳牛。对于他的工作，罗伯说："我会选这份工作，是因为它多彩多姿，而且永远在改变。"

再以我女儿罗莉为例，她曾经在一个波多黎各人聚居的城市工作，为慈善组织"少女团"（Girls Inc.）负责一个青少年领袖人才培育计划。这些少女通过这个组织接触到辅导、健康课题研习、户外活动训练等活动，从中磨炼自己的领导技巧。罗莉面对这份工作，会说自己是一个为青少年服务的工作者，因为她对于激励青少年很有热情，喜欢与他们共事，让他们更能掌握自己生活里的种种变数。罗莉的方式，不像一个书籍编辑面对不同种类的书籍时也会采用相同的编辑技巧，而是为了达到协助青少年的这个大目标，运用了各式各样的技巧。

罗莉可能每一天都在撰写经费补助案、和一群女孩子进行绳索训练、粉刷青少年中心的墙面、训练其他工作人员，甚至向少女和她们的母亲学做波多黎各的菜肴，把这个当作研究计划的一环。罗莉有一个叫得出来的职务头衔，而且薪水固定，可是她的工作里也就只有这两项是“固定”的了。

同理，假如有个人目前的主要兴趣在于按摩，进了某家SPA工作，由于老板认为她很适合，要她为一个又一个的客人提供按摩服务，久了她便觉得工作无趣。可是，如果她自己开一家按摩店，聘用工作人员，为了创业所做的这些事也许可以让她对这份工作的热情维持得更长久一点。

二合一：兼具富兰克林的兴趣多元和莫扎特的专一

“二合一”方法特别能吸引那些介于两端的人，他们既不像富兰克林那样不断改变兴趣，也不像莫扎特那样专心只做一件事。二合一方式的精髓，是把两份事业（或者两份没有收入的兴趣）结合为一个生命方式。二合一的事业有很多可能性，譬如银行职员兼记者、具有母职的家庭主妇兼社会运动人士、音乐家兼瑜伽老师。

二合一方式的好处在于，很容易取得别人的了解。如果你发现，只要有两份事业就能完全满足你的好奇心，这就太棒了。如果你只是为了下半辈子不再惹人批评而选择二合一生涯，这恐怕不是个好主意。大部分的多面向发展人才不会满足于只拥有两份事业，而且这还是会引来各种意见与批评——但，我说过了，与其压抑隐藏自己的特质，不如堂堂正正展现你的本质。

你和你的工作伞

以下列出二十种工作类型，请你选出四种最吸引你的项目，再看一看，在每种工作伞之下，能放进多少你的焦点兴趣项目。为了帮你挑选，我在每种工作伞后面列出相关爱好与技能，但你当然也可以设想其他的特点。

1.运营部门经理（公共关系、募款、人员管理、运营）

2.书籍编辑或书评者（把同一套编辑流程运用在各种主题与企划上）

3.运营队主任（活动企划、儿童心理学、户外技能、土地与建筑维护）

4.商会会长（社区发展史、小企业推广、拓展关系、募款）

5.社区运动人士（激励演说、政治、协商、募款）

6.外贸官员（外交、协商、通常要跨文化进行的经济或外交政策发展）

7.历史建筑改建专家（需要具备建筑的实际操作知识、历史学、建造能力或外包能力、沟通）

8.进出口贸易公司老板（向各国采购商品的能力、把商品销售给各种层次的客户的技巧）

9.小旅馆的老板（待客技巧、园艺、室内装饰、烹饪）

10.市长或镇长（策略规划、政治、拟定预算、公开演说）

11.神职人员（神学、能激励人心的演说技巧、社会工作、建筑维护）

12.户外教学训练的领队（户外技能、策划能力、心理学、与青年学子共事）

13.私人助理（组织、心理学、旅行事宜的规划）

14.宗教静修中心的经理（募款、拟定预算、组织能力、接待能力）

15.餐馆老板（烹饪、人员管理、拟定预算、室内装饰）

16.脱口秀主持人（针对各种来宾发挥访谈能力、研究各种人事物主题）

17.小学老师，或是题目涉及广大范畴的老师（把一套流程运用在各种主题及学生身上）

18.旅游行程策划（把一套涉及活动组织、研究旅游线路和与人沟通的技巧发挥在各种国家及族群身上）

19.作家（在各种主题上发挥一套技巧）

20.动物园园长（动物学、人员管理、募款、策略规划）

如果把两份事业结合在一起算是一把工作伞，这就很值得采用。我有个客户佛罗伦丝，她经营一家网页设计公司，日子过得有声有色，因为她任何一天都可以选择各种活动来做。她也相当热衷于在自家公寓后方的一小块地从事园艺。“我已经不只把它当嗜好了，”她一脸欢欣地告诉我，“我的花园入选为好几条花园之旅路线的景点，而且我赢得了几项新英格兰的花艺大奖。”

我问她：“如果经济情况许可，你会不会想放弃公司，拨出更多时间从事园艺？”佛罗伦丝看起来颇为吃惊，马上回答：“我不会放弃公司。我就算赢了乐透彩也不放弃。”她显然很享受自己选择的两条主要道路。我又问她有没有参与其他活动，例如演奏乐器或摄影，她的回答道尽一切：“我怎么会想做那些事呢？不会的，至少今年不会。”一个工作伞，外加一项兴趣焦点，目前就是这两项：佛罗伦丝恰恰是个二合一的人才。

另外一种二合一法，则是把一份固定的事业和一个定期改变的事业结合起来。最常采用这种方式的人，所拥有的兴趣往往是份需要经常练习才能得到满足的事物。譬如，把某种外国语言学到专精程度、为了维持某项海滩运动而需要几种身体技能、随时跟上最新舞步、追求某种音乐表现形式。我的客户法兰克从6岁开始学拉小提琴，到现在他50岁了，拉小提琴的历史颇久了——听起来，他是莫扎特那一型的人吗？法兰克特别擅长为老年人表演流行老歌，附近多家退休安养中心排队等着聘请他去演出——快说他哪里像个多面向发展的人才了？且看法兰克“另外”的爱好。他在这方面的转变速度太快，他大部分的朋友都难以理解。法兰克曾经是生物学家，他当过牧师，曾在养生餐厅当厨师，也在某教会担任过职员；他演唱古典乐曲，当过指压按摩治疗师，参加和平工作团（Peace Corps）当志愿者；他的旅行足迹遍布全球；他能弹钢琴，并且鼓吹“公平交易咖啡”的观念。拉小提琴是法兰克五十年来唯一一件持续从事的活动。他的人生当然称得上是二合一的发展。

做一名自由工作者

有些人说什么都没办法在公司体制内发展，特别是那些喜欢在工作之余同时应付多种挑战的人。这种人通常在选择了自由工作的方式之后会比较有活力，譬如自由撰稿、顾问，或者自行创业。为什么？因为自营事业是最理想的身兼多职的方法。

自由工作者可以随自己高兴，划分出或宽或窄的工作专精范围。自由工作者需要背负不少责任，但这些责任正好很适合喜欢冒险的人。除了提供产品或服务之外，自由工作者经常（但不是绝对必要）是自己的公关，为自己招揽新的任务。他们可以培养自己的创造力、学习建立网站、花心思设想自己的事业该取什么好名称。他们也可以拓展自己在营运与财务领域的专业能力、学习如何管钱（或至少找到一名称职的会计）和处理税务。许多具备多重热情的人，说到经营公司就像通了电一样精力充沛；若能从一个案子转往另一个案子（就像出色的外聘企业顾问），或者思考着一件专案的各种层面（像一个出色的创业家），这时他们快乐得像身在天堂。这就是他们成功的方式。由于他们在这方面有精力，因此较有可能创造出优异的产品与服务。这些人打从内心发出光芒，从而继续吸引客户与赚钱机会。

五条建议让你不必推销自己也能成功

你说你讨厌向别人推销自己，从这句话可以讨论到一个令许多人却步的假设：一个多面向发展的人，必须把自己变成像一个销售二手车的业务员，才有办法赚到钱。正是这个假设使我经常看到工作坊学员受挫的表情。学员们说："我知道自己善于经营事业，因为我的确喜欢做各式各样的事，但我知道它绝对不会成功。"我请他们解释理由，而我一再听到同样的答案："我实在很不会推销自己！我就是没办法拿着传单走出去自吹自擂。"

有些人一开始还可控制自己在这方面的恐惧，直到我们谈论到撰写新闻稿、要去对本地团体强调自己所提供的服务，或者需要接触社区报纸争取免费宣传的时候，他们开始恐慌：“我做不到！”他们半是生气、半是求我谅解：“我就是没办法像那样谈论自己！那简直像吹牛。”

所以，你就只好束手无策、放弃梦想吗？还是说你应该坚持下去，变成一个你自己也讨厌的强势推销员？幸好以上两者皆非。虽然说人类心里深藏着对于改变及风险的恐惧，但上述的恐惧基本上是出于错误的假设，以为若要实践梦想就必须走出去大谈自己，让别人感到厌烦。错了！如果你的特质引领你成为某一种自由工作者，你当然得让世人知道你的天分所在。但我不谈强迫推销，而是说你有必要让别人知道，你拥有的某项重要天分是他们需要的东西。

我曾经与住在加州的萝博塔共事，她的热情之一是成为一个可以助人克服恐惧症的心理医师。萝博塔曾经罹患阅读困难症，因此她花了好几年时间才实现梦想。她完成了所有学业，并通过了高难度的资格考。萝博塔带着自豪与为数不少的资金，租了一间办公室、订购文具、装设专线电话，准备大展身手。她把名片寄给那些能帮她介绍客户的人，也在社区报纸刊登小广告，并发电子邮件通知朋友们，她终于“正式”开工了。

后来呢？她的进展相当有限。萝博塔找了同业商量，他们说她必须出去推销自己。她得让报纸报道她、该去医疗协会演讲……种种建议，萝博塔都听不下去，一脸茫然。多年的辛勤努力告吹，她瘫在办公室里。

幸好她找到了我，使得这个故事有了快乐结局。这是因为我是魔术师，把客户变出来给她吗？当然不是。我只是告诉她一个故事。我要她想象旧金山地区有一个年轻女子，住在金门大桥北端一带，刚生下一个病得很重的宝宝。这个小宝宝的外婆也住在旧金山，在金门大桥的南端。外婆很想帮女儿照顾生病的宝宝，但是她有过桥恐惧症，不敢走过金门大桥。所以这位年轻妈妈假如想得到帮助，她就得把宝宝穿戴好，大老远进城一趟。这都是因为没有人告诉那位外婆，用很简单的方法就可以治疗恐惧症，只要一两个疗程就行!

接下来我问萝博塔，愿不愿意把克服恐惧症的方法送到外婆的医师手上，送到外婆早上阅读的报纸报社里？她立即回应："当然愿意！"萝博塔领悟到，所谓的关于她事业的报道，焦点不在她，而在于她的能力（她会用催眠方式治愈恐惧症）。我们不要那种"请大家看我多厉害"这类文章或演说，我们要的是把重大信息传递出去。慷慨，是人人都乐意接受的品行，这跟说大话或自吹自擂沾不上边。

如果你想创业，却对于强势推销感到不舒服，以下提供几个不必强势也能成功的点子：

一、分发试用券。我刚开始展开顾问事业的时候，不希望让客户觉得我把他们当成做实验的白老鼠。但是我又需要先让别人知道我能帮助他们解决问题，好让他们把口碑传出去。于是我印制了试用券，发送给我认识的人，请他们把试用券转传给任何需要生涯规划辅导的人。我找的是那些知道谁会有需求的人：一名针灸师、一名发型师和一名报纸专栏作家。他们把我的试用券当礼物送出去，收到的人以为他们的朋友已经付了顾问咨询费。他们走进我的工作室的时候，可以只管我提供了什么服务，而不必为了当我的第一批客户而在心里嘀咕。

二、建立自己的全国性组织。基蒂·阿克斯尔森-贝莉（Kitty Axelson-Berry）刚开始以自由写作的身份为企业经理人撰写回忆录的时候，必须先让自己在这块领域露脸，建立名号。于是她成立了"全美回忆录作家协会"，举办会议让报纸加以报道，为她带来免费的宣传。新客户来找她时，她的协会会长头衔让客户觉得比较安心。

三、提供礼物。刊登广告的开销不低，而效果难以预料。宣传公司名号，会引起某些不喜欢“自我宣传”的人的反感。艺术家琼恩·赛克维奇擅长描绘房屋与风景，她听说有个历史学会为了募款，打算制作一幅大型拼贴棉布被，于是自告奋勇表示愿意描绘历史学会所在建筑的图像，放在拼布中央。而后，每当历史学会在报纸上登载有关拼贴棉布被的新闻，就会提到琼恩的献礼，为她带来宣传。

四、结合你的兴趣，让你有别于他人。我住的城里有几位按摩师在竞争生意，其中有位雪若·苏玛相当积极进取，而她同时也对夏威夷、园艺和物理治疗充满兴趣。她让自己的“夏威夷灵魂中心”有别于同行，提供了夏威夷式按摩、热石疗法，以及充满兰花香与鸟鸣声的顾客休息室。夏威夷主题吸引了许多喜爱按摩而且想造访夏威夷的人，这在漫长而严寒的马萨诸塞州冬季尤其具有吸引力。

五、建立多处驻点。我开始营业的时候，希望大家了解我是个认真又有能力的专业人士。因此我在邻近三个镇上分别设立办公室。我当然有自己的办公室，但我也向两个朋友借了办公室供我晚间使用。我在名片与广告上写着：“办公室分别位于安默斯特、柏赤镇与北安普顿。”现在呢，我忙得无法亲自拜访客户，他们得自己来找我！

你要做的就是充分发挥自己的天赋

常有学员嚷着：“你这些做法，对于提供治疗，或者推销厉害的新科技，或是那些有明显天赋的人确实很理想，可是像我们这种只是想为自己做些事的人该怎么办呢？我想离开心理学领域去搞小剧场……”

不管我们究竟提供了什么，重要的是，是不是有某些**大于自身的事物**在激励着我们。它可以是一种**观念**，例如世界和平；也可以是某个**我们能帮上忙的族群或团体**：孀居妇女、移民同胞、家长、剧场观众、客户、爱乐人士、病患、读者、患有恐惧症的外婆。不管是出于哪一种动机，我们都有天赋可与人分享；我们不是往自己脸上贴金，也不是唾沫横飞地兜售神奇玩意儿。想到了我们的天分，就能为我们带来往前进的能量，让我们从事那些——也许被我们说成是“贩卖”或“推销”的事——极可能大于我们自身的事物。了解到自己的兴趣可能对别人有正面影响，便可获得源源不绝的能量。

再看一次莫扎特的例子，但这一次要看不一样的主题。莫扎特生活在1756—1791年间，这时期的欧洲，还是个多数人从事农耕的社会。贵族只占人口的2%，但拥有15%~40%（视国家而定）的欧陆重要资源：土地。对于大部分人来说，饥饿是日常生活的常态。莫扎特有没有赈济饥民？有没有发起运动要求社会改革？当然没有。那么他做了什么呢？他受聘为贵族写小步舞曲，让贵族们在跳舞的时候得到最佳伴奏。然而，正因为莫扎特愿意与人分享他的天赋，所以直到今日仍有无数的社会工作者、急救室工作人员、教师、个人看护和其他工作压力大的人，能够在上下班途中聆听他创作的旋律，得到放松。两百多年来，莫扎特的天赋帮助了别人持续为世界贡献他们的天赋！

如果你容许自己追求你心灵的方向，别人也会因此得到他们灵魂所需的事物。这不表示要“燃烧自己、照亮别人”。我们在人间盛宴里各自拥有一席之地，没有“不是你死就是我活”这种问题。你不必再害怕什么自吹自擂这回事了，就把你的正面能量投注到人类共享共荣的乐团之中吧。

实现梦想你还需一个能力与你互补的伙伴

“我对莫扎特所知不多，但我知道，如果他活在现代，他就得出门去叫卖，为他自己争取到‘分享自己天赋’的机会。”有个来上我课的学员曾经这样挑战我说，“但我不是外向的人。我是典型的害羞鬼，做不出那种事！”他说的可能没错，就算你受到了激励，愿意与世人分享你的天赋，但你可能还是没有那胆子和方法走出去。可是，谁说你必须自己做宣传呢？芭芭拉·瑞荷博士（Barbara Reinhold）著有《越自由越成功》（*Free to Succeed: Designing Your Life in the New Free Agent Economy*）一书，告诉读者如何利用自己的爱好，从事自由工作，不用朝九晚五上班。她在书中一再强调找一个伙伴的好处，这个伙伴的能力可以与你互补，做到你所不能做的事，帮你实现梦想。有人需要可提供资金的合伙人，有人则需要能留意细节，又有组织能力的行政助手。一个害羞的多面向发展人才，则应该考虑找那些了解你的天赋、能够“站出来”宣扬你所相信的事物的人。这个人可以用义务方式或者支薪方式与你搭配。

如果你真的非常内向，需要那种能把话说得“口沫横飞”的伙伴，我会鼓励你用一种比较不那么可怕的方式开始：在你的掌上电脑、电子邮件联络名单甚至贺卡清单中仔细找，注意谁是性格外向，而且对于成为注目焦点安之若素的人，先不管这个人会不会有兴趣分享你的梦想。接着，你考虑是要打电话、寄电子邮件或者写便条（对害羞的人来说，写下想法通常比较容易表达自己）给几位你认为最容易接近的人，向他们说明你想用支薪或者义务的方式与他配合，以及为什么你需要他这样一个人来帮忙。最后，请对方把你这个信息散播出去。有些联络对象会帮忙传播，有些不会。但是你终究会联系上一两个外向、喜欢接受挑战、愿意助人的人。你的这些尝试有可能会吃闭门羹，但你又不是要找一百个人来为你推销梦想，你只需要一个能干的人就够了！

在本章，你学到了各种工作模式帮助你把爱好转成收入。你也体会到了，认识到自己多面向发展的心灵之后，你便可以更诚实地面对自己。你想改变，为了改变，你开始存钱，开始训练新技能，这些都是你为了将来的改变而做的准备工作。接下来这一章，要帮助你寻找资源来真正做出改变。

第7章 别因“不了解”而停下追寻的脚步

我喜欢这个说法，喜欢认为自己是一个多面向发展的人才。你要我想出兴趣焦点，这也没问题。但是我才刚付清我主修刑事法的大学助学贷款，就又想加入一个让泰国乡间大象与贫苦农夫和平共存的研究案！我该如何为这个计划接受训练？去做那个研究案会花掉我很多钱吗？

——蓝迪，28 岁

你经常觉得，对于你的兴趣焦点来说，你欠缺重要的资格或认证。

拥有多种热情的人，常常会匆匆跳进新领域。话说三十年前，1978年我刚投入家庭旅馆事业，我在这块领域有什么名声？我中学二年级家政课上缝制的围裙拿了个61分，这算什么资格吗？我和家人住在北加州一栋只有两个房间的农舍，然后我去美国邮政局的克兰市区分局工作。以这时的我来说，前往美国东北部的新英格兰小城一栋大型维多利亚建筑里经营家庭旅馆事业，满足快乐度假游客的需求，是一次迥然不同的转变。朋友们无法想象我为什么会想做这样激烈的改变，而我自己无法想象为什么我不去做。

由于热爱未知，一个多面向发展的人才也可能会被那些自己从未受过正规训练的项目吸引。这一点在蓝迪身上得到了验证。他想帮助泰国大象与农夫和平共处，但是我找不到书供他参考，也无法向他提供任何政府方面的措施。他家附近的大学也不提供相关学位，让他从中学习到一个要在大象与农夫之间折中的角色将会面临怎样的文化经验，而泰国与他所成长的美国是截然不同的两个世界。

多面向发展的你，在人生里会遇到一种尴尬：你会爱上你自己并不了解的事物。这种热情使得你站在丢脸的原点，使你不管是20岁、40岁、60岁或80岁，都觉得自己是菜鸟。这种按照传统方式，从第一格走到第二格，然后使劲儿走到第三格的前进方式，对你来说并不实际。由于你感兴趣的事物经常转变，所以我不见得每一次都建议你花钱花时间去长期读书，或做基层工作，或者购买昂贵的设备，以为这些事物是你的焦点兴趣之一。

如果你老是担心自己欠缺文凭或知识，你很可能会一直停在原点。当你想该如何让一件事物成为你的兴趣焦点，不妨思考富兰克林的例子：今日世界已能提供各种跨领域的研究主题，但有什么学术课程可以为他的专业与嗜好提供证书？我们不需要回避事实，因为某些领域确实需要证书；但我们也不要否定自己对于学习的热爱（我们经常被取笑为永远没毕业的学生）。大部分的多面向发展人才必须找到非传统的方式来达到目的，譬如蓝迪，他后来在www.allforelephants.org网站找到了方向，这个网站专门为泰国大象请命。

如果你还没办法锁定目标、组合出你的四个焦点，本章的建议也派得上用场。你也许遗漏了若干美好的可能，以为自己非得走进教室花几年时间“学个够”，或者你一直无法让兴趣焦点项目配合你个人或家庭的财务状况，以下策略都可提供很有创意的方式来帮你起步，并强化你对于自身能力的信念。

流程图让你明确达到目标的每个步骤

流程图是制造商的宝贝，他们依赖流程图来有效组装物件，从圆珠笔到飞机。流程图的运作方式如下：订出目标名称，例如“组装圆珠笔”。接着找出步骤一（取得材料，如塑胶外壳、能收缩的弹簧、笔芯和笔盖），预估完成时间。接下来确定步骤二（将笔芯塞进塑胶外壳）和完成时间。依此类推，直到组装完成。

不仅制造商喜爱流程图，在我的经验里，几乎人人喜欢。承办宴会的人用流程图来控制程序，避免混乱。公司老板用流程图分析每季财务目标。许多人订出流程图，把自己的远大梦想切割成一系列的短程行动。但是，对于你来说，你打算组装的是全新而前所未知的经验，这种传统的流程图不见得能派上用场。如果你从来不知道某种工作存在，你该如何找到这份工作？如果你从未做过，你如何知道需要多少时间才能完成它？

我的客户乔伊就看出了流程图的限制。她与先生到欧洲旅行时爱上了手工编织的毛衣，兴致勃勃地想在自己住的休闲式住宅社区开一家精致毛衣专卖店。但她从未开过公司，也不曾在零售商店做过事。她怎知该如何进行？是该一开始就拟订营运计划，用这套计划来吸引赞助呢，还是该先筹钱，然后再根据筹到的数目来拟订计划？既然她对经商是门外汉，她如何知道需不需要登记公司名称？要不要去上一堂与雇用法令有关的课？她又如何在经营生意的同时兼顾家庭？

反向流程图让你明确从哪开始

在这个阶段，对乔伊来说比较好用的工具是“反向流程图”。一张反过来的流程图，是一个寻宝过程，让你很快就能挖到宝。

第一步是找到目标。乔伊的目标是自己经营一间进口毛衣商店，把齐全丰富的货品摆上架后开张大吉。

接下来要问：你认为，你在达到目标之前需要做到哪三件事？即使你是这一行的菜鸟，应该也可以揣测一番。乔伊想到以下三个：一、确保财务支援不会出问题；二、与供应商建立交易关系；三、了解与小企业经营有关的法令。

然后思考：为了完成那三件事，分别应该采取什么行动。乔伊问自己："我该怎么做，才能取得财务支援？"乔伊对企业财务简直一无所知，但她还是知道："我必须进一步了解哪些人会提供这类财务支援。"她知道银行提供贷款，也知道有些企业主借由吸引投资者入股来筹措资金，但她想："该如何找到投资者？还有没有别的资金来源？"

反向流程思考法

步骤一，设定你的目标。

步骤二，问自己：为了达到目标，需要做到哪三件事？把这三件事写下来。

步骤三，请思考：为了完成前述的三件事，你应该采取哪些行动？逐一记下来。

从步骤三所得到的思考，可能就会让你知道你该从何处着手，也可能是激发出几个有意义的问题，让你进一步思考如何实施你所要采取的行动。

这些思考酝酿出一个明确的问题。乔伊知道市面上找得到讨论这类主题的书，她打算隔天就上图书馆找资料。她还想知道政府能为中小企业提供什么协助，于是乔伊也把这个问题与筹资问题列在一起。

此外，她在与供应商进行交易之前，要先做哪些事？她得先弄清楚哪些供应商可以提供她想要销售的高级毛衣。乔伊在欧洲旅行时，与那边的毛衣供应商建立了不错的关系；她也很想知道除了欧洲之外，还有哪些地方供应漂亮的毛衣。她能从零售商那儿得到一些建议吗？乔伊决定在网络上搜寻毛衣商店。另外，她认识的人里面也许有人与毛衣零售商有接洽。乔伊决定来场动脑大会，找出答案。（稍后会谈到什么是动脑大会。）

乔伊也需要了解法律对小企业主做了哪些规范。她该如何得到这些必要知识？她可以聘请一个律师帮忙，但她考虑后，选择去社区大学参加每周三晚上的相关课程。但她得在周三晚上送餐给行动不便的鲍伯舅舅，而且舅舅也不太会使用厨具。为了上这堂课，她如何拨出时间？她在行事历上把每一个星期三晚上都空出来，打电话给负责每周一送晚餐的妹妹楚蒂，讨论能不能与她交换送餐时间。

到此，乔伊不再整天坐在房子里担心：“我没有足够的做生意经验。恐怕我得先拿个经营管理硕士才行……”相反地，她已经明确知道自己缺少哪些知识，然后确认了她需要用到哪些资源来自己学习开店。知道了自己还不知道什么，这件事本身就是一种智慧。这个思考流程帮助她想出了几个小步骤，让她更接近自己的兴趣焦点。

“动脑大会”帮你搜集有效信息

假如你的反向流程图还需要填入某些知识、灵感或设备，不妨找一群人来集思广益。我称这个方法为“动脑大会”。

你可以找来十几个朋友、亲戚或同事，他们不需要对你特别了解，也不需要对于你想从事的活动知之甚详，甚至不需要关心你有什么多面向发展的能力。但他们最好是喜欢想点子、反应快的人。（大部分的人都乐于受邀加入脑力激荡，但你准备一些吃的一定不会是坏事。）

乔伊在她的动脑大会上问："有没有人认识高档毛衣零售商？"你在动脑大会上想问的问题则也许会是："我的时间和预算都很吃紧，该如何才能参加艺术课程？""我已经花了不少钱印传单，但不知道如何发送出去。你们有没有什么看法？""有谁知道，哪里可以找到几个对发展公共营养教育计划有兴趣的人？"

把这些人集合在一个房间，然后按照下列步骤进行：

1. 请参加者都关上手机。

2. 备妥白板、画架、挂图、电脑或笔记本。如果你抄笔记的速度不够快，就请一位朋友帮忙记录。

3. 向大家提出你的问题。

4. 请参加者说出他们想到的所有想法。提醒他们，这个头脑会议的目的在于尽可能搜集想法，暂时不必顾虑想法可不可行。

5. 这个阶段不要涉及评价。不要赞美或批评任何点子，不做任何形式的评论。

6. 当大家都说得差不多之后，针对你不了解的建议请对方解释清楚。你不要争论或反对（最能终结创意发想过程的话语莫过于"但是我已经试过了"或"那根本不可能"）。

如果大家一开始显得有点僵硬或犹豫，开不了口，可以试着请他们先把想法写在纸上。也可以要他们抛开常理、道德或法律，写下三种疯狂的解决之道。这样做通常能让大家放松，开怀大笑。

完成上述六个步骤之后，再试我称为"反式脑力激荡"的方法。请把你的问题倒过来问："我要怎么样才能做到，因为实在太忙又太穷所以没办法上艺术课程？"众人想出的答案可能是："买一大堆其实你不需要的高级品"或"只要有慈善组织来邀请你担任志愿者，你就点

乔伊的反向流程图

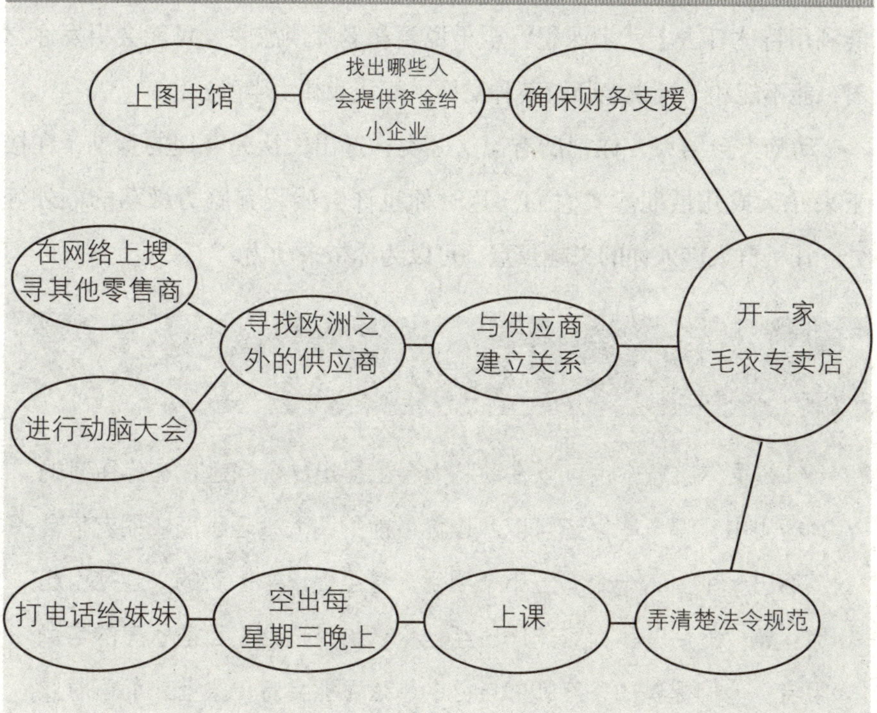

头”。多数回答也许只是胡诌，但你往往能从这堆胡说八道里面淘出一两颗宝石。以这个例子来说，你可能就理解到自己必须谨慎控制预算，但还没想过应该拒绝其他都想来占用你时间的任务。

另一个方法是，请大家尽可能用滑稽的方式回答问题。这个方法叫作“疯言疯语脑力激荡”。大家瞎说：“把所有的彩券买下来，你就铁定能中奖，这样一来你就有钱去上艺术课程啦。”“弄一份医生证明，说你因为医疗理由必须上艺术课程，这样老板就必须让你休假了。”“去跟老师谈恋爱，这样你就可以免费上课了。”

列出了一长串疯言疯语之后，请参加者协助你把每一个想法改造成务实的建议。从买乐透这个建议，你或许会想到：还有哪些资金来源是我从来没想过的？生日礼金？买了很久的政府债券？弄一份医生证明这个点子或许能引发你去问：有没有其他方法能让公司给我假期？我能不能利用特休日去上艺术课程？至于说要和老师谈恋爱，可能会引发你想着：能不能和学校或老师做某种交换，好让我减少学费？

动脑大会结束，你把所有想法分类，选出你认为合理的意见，在接下来几天或几星期落实它们。这时你也许会体验到脑力激荡的额外好处：让一群人涉入你的兴趣焦点，可以为你带来动力。

脑力激荡，寻找兴趣焦点

如果你愿意，也可以在动脑大会上提出这个问题：在你所有的兴趣当中，哪一些兴趣可以入选你目前的四大兴趣焦点？朋友们会激荡出十个、二十个、五十个项目，甚至提出某些新的兴趣又引起你注意。然后，请大家选出一组他们认为最适合你目前状态的焦点组合。他们提供的答案和你自己的想法可能会激出火花，而有时候是不经意的启发。如果你发现你心中暗自希望大家选的是打高尔夫、游泳、安静时光，而不是娱乐、品酒课和种植盆景，那么你就得到一项重大发现了。

资源交换会帮你打开资源渠道

动脑大会的气氛活泼、步调快速、充满活力，而且通常能让来参加的每一个人度过一段愉快时光。不过所有成员都必须专注在你的事情、你的问题和你的兴趣焦点上。如果你对于成为注意力中心觉得不自在，可以借用芭芭拉·雪儿（Barbara Sher）在她的《打造愿望》（*Wishcraft*）书里提到的“资源交换会”，办一场适合你的资源交换会。这种交换会不但可以让主人受益，每一个来参加的人也都会得到合用的配备、材料、资讯和人脉名单。做法如下：

* 邀请几个背景不同的人来参加。十人左右刚刚好。

* 告诉参加者，每人要带着三个愿望前来。(为了让对方了解你的意思，你可以举例说明："你也许需要借一部CD刻录机，或是你想去划独木舟，你想知道谁认识优秀的管家或动物保姆，能在你出门的一星期里为你代劳。")

* 备妥一叠3英寸 ×5英寸的卡片，用数字标出顺序。这数字要写得够大，站在房间另一端也能看得清楚。客人抵达时，一人发一张。留一张号码卡给自己。

* 请拿到号码卡一号的人开始分享他的愿望。譬如，他需要一部CD刻录机。

* 谁能够提出建议帮他实现这个愿望，就举起自己的号码卡。譬如，三号客人和七号客人都有CD刻录机愿意出借；你也认识某人已经不再用自己的刻录机，所以你也把卡片举起来。提出这项愿望的一号客人，记下你们几位的号码和"可携式光碟刻录机"。这时举起卡片的人都不要开口大谈自己如何帮忙，这些细节会使全场感到无聊。

* 如果没有人举起卡片回应，一号客人就再说出他的第二个愿望。

* 等到每一位参加者都有一个愿望获得了回应，就休息十分钟。这时大家可以去找那些被他们记下了号码的人，交换资源。

* 只要大家还有精力，就多进行几回合资源分享。

我第一次办这个资源交换会的时候，有个女生带了她的蜡烛产品宣传单来，请大家告知几个效果好的张贴地点。交换会还没结束，所有的传单被参加者抢拿一空，打算带回去给朋友或张贴在某处。在另一次资讯交换会上，一个平时和另外两兄弟共用卧室的高中生，希望能有一个安静的地方让他研读与几所大学有关的校况介绍资料。最后，他在一个风景美丽、小鸟啁啾的公园里，研究他的大学简章与学校手册。

通过专业组织、网络等获取更多专业资讯

做过了反向流程图思考法和脑力激荡，你说你还是没有取得你需要的某些资讯，怎么办？譬如，乔伊不确定如何寻求政府提供给小企业的支援。而你的流程图告诉你，应该向外学习，但如果你和朋友们一直困在办公室的小隔间里，这时你该如何取得所需资讯？

幸好，对于一个多面向发展的人才来说，有方法让你有更迅速而且几乎无压力的方式学习。外面有好多个人、组织和其他资源等着为你服务。

假如你想开一家小公司，还有哪儿比经济部中小企业处更适合你求助？中小企业处在各地设有办公室，提供座谈会、研习课程和文字资料，罗列了各种特别为企业主撰写的最新实用资讯。中小企业处还拥有他们引以为豪的“退休经理人咨询服务中心”（简称SCORE），由退休经理人担任志愿者，他们都很乐于分享自己的经验。另一个常被忽略的组织是商会。有的商会针对营销与创业计划提供了短期课程。企业协会与地方社区发展组织也都愿意回答你的问题。假如你的新创事业与女性或少数族裔有关，有些特定组织也帮得上忙。（中文版编按：这里所说的是美国的情况，不完全适用于任何地方。）

你说你想为自己的艺术作品寻找赞助，很多公立的艺术委员会也许可以帮忙。这样的组织通常会赞助若干艺术计划。洛杉矶就有协助艺术家展开事业的“艺术家安置国家网”（National Network for Artist Placement）。福特汽车、古根汉美术馆、洛克菲勒基金会等企业或组织，也都对艺术家提供补助。有些在地方的艺术家联盟与合作组织也提

供协助。

我遭遇困顿时，常常从博学多闻的图书馆馆员那儿得知很多我从来不晓得的资源。如果你想找罕见的、针对特定项目的准确资讯，不妨上图书馆求助。图书馆馆员们长期浸淫书海，对于浩瀚的参考书与线上工具非常熟悉，也能进入庞大而昂贵的资料库。我很乐意推荐几本书给初次尝试创业的人，譬如《199种在家创业必成法》这本书。有些书可以针对特定主题提供周详的建议，譬如《用鸡骨造恐龙：傻子也能懂的新进古生物学家指南》《如何写出畅销卡片、汽车贴纸、T恤和其他有趣玩意儿》等书。假如“亲近大自然”是你的焦点兴趣之一，你可以读《户外工作：事业与自雇手册》《阳光事业：户外工作机会》这两本。想去海外工作吗？市面上也有这类主题的书提供详尽细节，例如《打工游世界》。你是个在校大学生但急于探索世界吗？试试《起飞：社会新鲜人的非凡探索》。

时值21世纪，别忘了我们还有一项神奇资源，那就是网络。你在网络上几乎可以针对任何主题找到资讯。你也可以进入网站的讨论板或聊天室，提出你的问题，并从几乎不限范围的来源获得答案。你也可以阅读相关论坛文章。无论你的主题是什么，都有资源可得。别因为不懂而裹足不前!

从志愿服务中获得有用的经验和训练

脑力激荡和做研究当然很重要，但相关经验也是必要的。如果我们不想按照传统途径打出一片天，那么获得经验的一个重要方法就是在相关领域担任义务性质的工作。你可以发现很多种兼职潜质，或在正常工作时间之外的志愿工作。

参加我研习营的学员凯伦抗议说："我试过了。我为艺廊当志愿者，下场是窝在后面的办公室舔邮票寄信。那种工作对我有什么好处？"

凯伦错在她自我设限，一定要找"正式"的志愿者机会，就是那种你打电话去博物馆、历史协会或交响乐厅说要当志愿者时，对方给你的机会。这些工作通常局限于传统的志愿者角色，例如募款人员、解说员或礼品店店员。若你真想体验募款、导览或店员工作，这当然很好；然而对大部分人来说，没办法从这种机会中得到对于自己的兴趣焦点有用的经验与训练。

☐ 《199种在家创业必成法》（*199 Great Home Businesses You Can Start and Succeed In*）*for Under $1,000*。

☐ 《用鸡骨造恐龙：傻子也能懂的新进古生物学家指南》（*Make Your Own Dinosaur out of Chicken Bones: Foolproof Instructions for Budding Paleontologists*）。

☐ 《如何写出畅销卡片、汽车贴纸、T恤和其他有趣玩意儿》（*How to Write and Sell Greeting Cards, Bumper Stickers, T-Shirts and Other Fun Stuff*）。

☐ 《户外工作：事业与自雇手册》（*Working Outdoors: A Career and Self-Employment Handbook*）。

☐ 《阳光事业：户外工作机会》（*Sunshine Jobs: Career Opportunities Working Outdoors*）。

☐ 《打工游世界》（*Petersham Guide Vacation Works: Work Your Way Around the World*）。

☐ 《起飞：社会新鲜人的非凡探索》（*Taking Off: Extraordinary Ways to Spend Your First Year Out of College*）。

假如你能用交换形式来担任志愿者，会更有收获。你可以为某个人物或组织提供服务，而你的报酬是你能得到训练或经验。这样的机会很少发布在志愿者招募信息上，你得自己去创造。

我的客户法恩自告奋勇要帮她的牙医在他办公室的窗台上布置盆栽，让他的病人有漂亮风景可欣赏。他只要支付购买花盆和植物的费用，而她要求的回报仅仅是为她的作品拍照，将来如果有人喜欢她的作品，便请牙医帮忙写推荐函。法恩在周末完成作品，然后大获赞赏。不久就有其他牙医也来找她帮忙布置盆栽，而一家报纸刊登了这则故事。总之，法恩得到了名气、照片和推荐信，有助于她推动梦想中的户外园艺事业。

艾尔希望离开管理领域、进入电脑训练事业，他也自己创造了一份义务工作的机会，后来证明对于他日后的发展颇具重要性。他是个安静的人，说话轻声细语，觉得一般大众对于电脑的恐惧超乎常理。于是他自愿在附近的老年活动中心和图书馆教授基础电脑课程，以此练习教学技巧并得到曝光机会。他用简单易记的类推法发展出创意教法，解释电子邮件与网络的运作方式。一位老先生对于艾尔缓慢而耐心的教学方式大表赞赏，回家后向儿子猛夸艾尔。老先生的儿子自己经营一家生化科技公司，当他的公司计划更新电脑设备时，想起了父亲夸赞艾尔的事。你猜，谁得到了这份大合约来训练这家公司全体员工使用新系统？

应征志愿服务前应弄清两个问题

当你在寻找志愿服务，希望借此能接触到有经验的专业人士，并获得实务经验时，你务必要联络上正确的对象。问错了人，会使你走进死胡同，或舔邮票舔到舌头发皱。在你拿起电话应征志愿服务之前，先问自己两个问题：

第一个问题：**“我在执行我的焦点兴趣时，会不会与志愿服务的对象形成竞争？”**譬如，假设我的兴趣焦点之一是协助女性拟定财务规划，而且我对于与新人共事特别感兴趣，我打算在成人教育中心为妇女开设初级财务规划研习营。但是我在成人教育方面也是新手。我浏览了成人教育课程目录，注意到有个财务规划师艾德·琼斯，每学期开设一门投资课程。因此，我问他能不能让我在他的某一堂课上当助教，我想观摩他上课的内容与方法。艾德会接受我吗？在多数例子里，对方可能会把我视为竞争对象。他为什么要把自己辛苦锻炼出来的教学技巧传给我，让我以后和他竞争开设成人教育课程的机会？如果我想从某人身上学到经验，最好去找在其他城市的成人教育课程老师。

不过，在某些情境之下，艾德也许会是我最理想的第一个“上司”。如果艾德的专长是退休规划，但在这一行打滚多年却没留住客户，他就可能会接受我的义务帮助，认为我完全不会踩进他的界线，完全不构成威胁。他也可能会建议我与他区分领域，要我针对投资新手开设课程，而他则锁定较熟悉财务管理的客户。这样一来，就没有竞争问题了，而我们两人可以各取所需。

第二个问题：**“我志愿服务的这个对象，在我感兴趣的领域里能不能掌握什么东西？”**爱好艺术的凯伦就是因为没有问出这个关键问题，所以沦落到窝在艺廊后面的小办公室里舔邮票。她当初可能拨了某博物馆的志愿者招募专线电话，被转接给负责志愿者招募活动的布里斯女士。布里斯急着找来凯伦，于是说馆方迫切需要像她这样的人，尤其当时正逢馆方积极进行募款。凯伦就这样不知不觉陷进去了，而她唯一能看到的画作是邮票上的图案！尽管凯伦曾向布里斯女士表明她真正的兴趣是想了解博物馆里吊挂大型油画的技巧，因为她以后想把自己创作的拼布壁毯陈列在附近医院的大厅，她觉得挂油画的技巧应该与挂地毯的技巧差不多。可是呢，布里斯女士负责的是志愿者招募活动，不是油画。

凯伦必须直接找负责陈列的人谈。她自己要费一点工夫，譬如打电话给几个大学艺术学院，查出负责吊挂大型油画的人为何种头衔，然后她再打电话给博物馆，联系上恰当的人员或部门。

运用“四层架构表达法”获取满足你要求的志愿服务

接洽上了对的人之后，你必须能有效表达出你对于志愿服务的想法。这会直接影响到你究竟是能与大人物相谈甚欢，还是一个人坐在角落打电话募款。

我提出的“四层架构表达法”可以让你得到包含你所需的经验或资讯的志愿服务，而不至于显得咄咄逼人。这四层表达架构让别人有机会帮助你实践你的兴趣焦点，而且他们自己也能从中获益。

第一层架构：大梦想。在第一层里，你要说出你现在想完成的事情是什么。

第二层架构：为什么要找他们。说明你为什么想为某个人物或组织工作，这很重要。你的目标要明确，而且你要预先做功课，透彻研究相关领域，才能明确阐释你为什么来找他们。务必让你的理由听起来出自真心。油嘴滑舌或拍马屁都可能招致反效果。

第三层架构：为什么你想当志愿者。明确描述你想从志愿服务当中得到什么。

第四层架构：对方可以得到什么好处。告诉对方，你愿意给予回馈，以此交换你想得到的经验。

以想开毛衣专卖店的乔伊来说，她运用了上述的四层表达架构，在卡珊卓那儿得到理想的志愿服务机会。卡珊卓经营一间高级女装店，所在地点位于另一座城市，但环境与乔伊住的地方很像，是一处消费较高档的观光景点。（注意，乔伊选择的不是可能视她为竞争对手的附近零售商。）

乔伊告诉卡珊卓，她对于织工精巧、设计充满美感的毛衣情有独钟，而欧洲之旅让她有了开设毛衣专卖店的想法（第一层架构）。接着她解释，她为什么来找卡珊卓，因为她在多家商店所看到的毛衣里面，她最喜欢卡珊卓所贩售的毛衣（第二层架构）。这个说法在卡珊卓听来颇为真诚，她知道自己店里陈列毛衣的种类确实比一般女装店来得多。乔伊的真心令她感到贴心。

接着，进行到第三层架构，乔伊明白说出她想从卡珊卓身上得到什么："我想知道，你愿不愿意给我三个小时，坐下来和我谈，告诉我一点有关毛衣供应商的资讯——我如何找到他们、如何评估、如何与他们交涉。"她连带提出第四层架构："我愿意和你交换，我给你六个小时，你可以叫我做任何帮得上你忙的事。"由于乔伊在零售业毫无经验，无法为卡珊卓提供对等的服务，于是她提议以两倍的时间作为交换。卡珊卓很高兴，同意在周日晚上拨出三小时，换得乔伊的六小时。后来，卡珊卓有个下午必须照顾店面，于是乔伊开车载着卡珊卓的亲戚到机场搭飞机（来回约六小时）。乔伊后来写信给我，她说若不是她对卡珊卓运用了四层表达架构，她的毛衣店绝对开不成；而且她既没有让别人觉得有压力，也不必"舔邮票"。

四层架构表达法
以乔伊的毛衣店为例

1.
乔伊的大梦想：毛衣店
2.
“你的店，拥有最多种我想销售的毛衣类型。”
3.
“我想知道有哪些重要的毛衣货源和商展。”
4.
“你给我多少时间，我都加倍还你。你认为对你最有帮助的事，我都会做。”

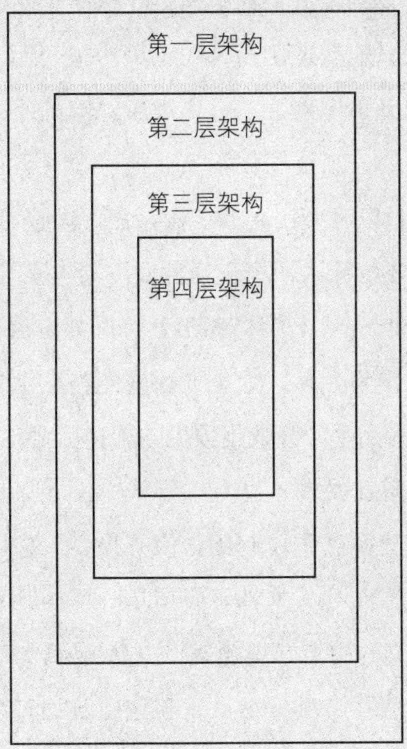

A 你的大梦想

____

B 为什么选择这个机会

____

C 你想得到什么

____

D 你能回馈什么

____

找一位前辈当导师会让你事半功倍

四层架构表达法让乔伊在短时间里就得到相当明确的资讯。另外，持续与一位有经验的前辈或者生涯辅导员共事也很有帮助。

对于有些终生只选一条路，尤其是及早就立定志向的人来说，这位导师通常出现在学校或业界。举例来说，瑞秋是生物化学界的莫扎特型人物。她还没有与男生约会，就爱上了有机化合物和合成过程。她高中时接受招募，进入一个辅导团体。这个社团找来专业的女性人才，每人辅导一名在理科世界前途看好的女学生。协助瑞秋的这位前辈，帮助瑞秋决定该申请哪一所大学，甚至为她写推荐信给自己的母校。几年后，瑞秋取得了三个学位。她在进制药公司上班的头一天，走进人力资源部门，对方给了她一张电子识别证、提供健康保险的公司名单和一名指定辅导员，这是该公司的一名资深化学家。他每个月与瑞秋碰面一次。多年来，他协助瑞秋应付以难缠出名的老板，在百忧解（Prozac）这种抗抑郁药问世之前，就引领她深入研究选择性血清素再吸收抑制剂（selective serotonin reuptake inhibitors；简称SSRIs）。假如瑞秋在人生的各个阶段没有遇到那几位前辈作为导师，她也许还是能当上化学家，但她可能不会如此迅速地成为业界高手，开发出顶尖的精神药物。

像你这样的多面向发展人才也应该寻找一位导师。然而，近年来学校或企业的辅导方式变得过于体制化，使得很多人忘记了传统上的辅导其实并不拘泥于形式，而且人人都可以运用。“导师”（mentor）一词可追溯到希腊作家荷马的史诗《奥德赛》（*Odyssey*），故事主角奥德赛有位比他年长的“曼特”（Mentor），在他出航加入特洛伊战争的时候辅导他的儿子特勒马科斯——导师仅仅就是这样而已，没有结构化的课程，没有什么把曼特与受托照顾的年轻人凑搭配对的事儿。在我的想象中，曼特就是带领年轻的特勒马科斯外出喝茶吃橄榄，教他如何理家、选择妻子、应付战争，以及其他彼时希腊青年要面对的大小事。

今日，一位前辈导师还是很类似曼特的角色，他们做过了你想做的事，比你更早了解某个领域的现实面。前辈可以带你进入各种达人的圈子，也可能由于他们勇于离开人群而成为你的典范。他们所具备的东西与人脉，只能靠经验得来。对于想要打入新领域的多面向发展人才来说，一定要找到一位导师级的人物。

这位前辈导师可以为你解惑，有时你还不知道如何发问，他就给了你答案。对此，艾拉有亲身经验。艾拉年近30岁，活泼好动，想要什么都会努力去做。他的两大兴趣之一是在家教育（他希望最后能把这方面能力运用在他家两岁的聪明双胞胎身上），之二是研究与标准化教育评鉴体系里的阶级与种族偏见有关的课题。他接受了我的咨询之后，决定发行一份电子报，提供给其他也实行在家教育，但很担心孩子无法通过大学入学测验的父母。来找我的时候，艾拉自己订过几份电子报，此外便对网络上的电子报所知无几。他通过聊天室认识了哈利，哈利独立发行过两份电子报。

“要不是你建议我去找个导师，我可能会自己去做一套，然后浪费不少宝贵时间。”艾拉对我说，“哈利告诉我好多诀窍，让我用更快也更有效的方式接近读者。他教我如何建立联结、加入组织，还给我示范如何加入重要的聊天室，进去宣传我的电子报。要不是他，我不会知道我的电子报首页必须加上地址，否则它可能会依据法规被分类为广告，当成垃圾信件处理。你也知道的嘛，我同时做好多事，我头上的天线可能会漏掉这类的重大细节。”

当你觉得遇上瓶颈时，导师也可以帮上大忙。我的邻居莎拉说起她是如何察觉这一点的。

她说：“我想尽办法要让有机合作农场营运上轨道，但我就是无法填补所有财务漏洞。我找朋友们针对这个问题开过动脑大会，但我的朋友们都没有农业背景。一直到我表妹偶然提到她很喜欢她公司提供的导师制度，我才想到要找个有机农场领域的人来指引我。我找到一位在成年后便投入各阶段另类农业的女士，她帮我接洽上两位创业家，他们的目标是支持有机农场教育，为那些志在发展有机程度较高农作物的农夫提供典范。有了他们的财务资助和我的农业经验，银行总算愿意接受我的贷款申请了。”

感谢这位前辈的指导，莎拉从瓶颈中走出，进入双赢局面。“没有她，我根本不会有这样的成就！”

该如何找到一位导师？这在某些领域很容易做到。如果你想做生意，可以找前面提过的退休经理人咨询服务中心联系那些退休主管。如果你想在现在所处的产业里换一个领域，可以从你已经建立的人脉里寻找对象。著有《JOB：勇气、承诺与事业》（*Creating the Work You Love: Courage, Commitment, and Career*）一书的瑞克 · 杰洛（Rick Jarow）相信，凡是真正想追求内心热情的人，导师会自己走向他。他说：“让自己置身于某个领域，表现出真诚，自然就会有适合你的程度，而且需要你这种刺激的导师出现。”有时候，当你与其他有同样志趣的人走上同一条道路之后——参加支援团体、出席商业会议、大胆提出你的新想法——导师就会出现。譬如你在餐馆用品展示会上与另一个人聊得很兴奋，然后发现对方拥有连锁面包店，不多久你们便会定期谈论如何配送你制作的点心了。

此外，你也可以直接走向你仰慕的某个对象，开口邀对方担任你的导师。你拿起电话筒说：“我很喜欢你的作品。”然后你解释你为什么喜欢他的作品。你再问对方：“我能不能请你吃顿晚餐，向你讨教一番？”大部分的人面对这种邀约，只会觉得难以抵挡，不会觉得厌恶。虽然这位导师并不期望能和你交换什么，你也不必觉得自己像是在乞讨。真正的专业人士会了解，以你的魅力与胆识，你终究能成为价值不菲的商场盟友。

再不济，也可以不必找活生生的人来当导师。卡萝 · 洛伊德（Carol Lloyd）在她的著作《创造生命价值》（*Creating a Life Worth Living*）一书里，访问了发明家琳 · 高登（Lynn Gordon）。高登承认她有几位“看不见的导师”，那是她在报纸上读到的几位聪明又有趣的人物的人生经历。

那时正值我开始梦想建立咨询服务事业，而“生涯辅导”这名词尚未成为流行。于是我听取了高登的建议，找寻专精于事业规划（这东西最接近我想从事的主题）的专家。我记下这些专家在哪些地方举办演讲和研习营，弄清楚他们是否在咨询服务之外也销售产品，以及他们的授课录音带是否和书本分开销售等。

我的客户华妮塔也用了这个方式。她的兴趣焦点之一是：记录下各地原住民在干旱地区的耕种方式，好参照他们的耕种技术，将之改良运用在其他水源逐渐稀少的地区。华妮塔每一次想知道如何贴近另一种文化的时候，就去翻阅人类学家玛格丽特·米德（Margaret Mead）的著作。她也把已故叔叔的详尽考古笔记当作她撰写考察记录时的范例。华妮塔向我坦承，她经常听到自己心里有个扰人的声音使得她想放弃：像你这样的都市女孩，懂什么农业？但她想起小学五年级时有位女童军队长阿毕盖尔女士的话：“永远不要忘记，只要下定决心，没有做不到的事！”

然后华妮塔笑着问我：“对于这项我四十几岁了才开始进行，并被我列为人生焦点之一的艰难任务来说，谁是我的导师？是我的大学校友名册！每当我在一个新的国家需要联络人，我就在校友名册里寻找，哪些人在我所处的这地方认识一些人。”

人生教练是你最公正的生涯顾问

在你朝向多面发展的路上，你需要的不是那种会夸大你的天赋的人（有些家长或配偶会这样做），也不是那种会小看你的天赋的人（另一些家长或配偶会这样做），这两种做法都会造成误导。有些朋友可能会出于嫉妒，于是表现出不必要的态度；有些朋友却又太善于将心比心，大力支持你尝试新冒险或者“逃”向自由，于是在一旁大敲边鼓，导致你走得太快。

这时，“人生教练”（Life Coach）就可以上场了。“人生教练”是一种成长快速的专业。根据《新兴职业期刊》（*New and Emerging Occupations*）报道，全美国目前有大约一万名人生教练及主管。不要把“教练”与“心理医生”混为一谈。心理医生通常是深入回溯你的过去，找出那些造成你情绪痛苦的来源。而人生教练不是导师，他们在你的领域里并不是专业的前辈。他们也不是传统上的生涯顾问，生涯顾问会使用标准化的测验，协助你接洽人力资源公司，或告诉你相关领域有哪些公司在招人。

确切来说，“人生教练”是批判性思考和解决问题的专家。他们以中立但眼光清晰的顾问角色，协助你评估人生课题，并给予公正的回应。他们有时具有体育运动教练一般的驱策能力，有时又像个温柔但练达的老祖母，不会容许你自欺欺人。在你掉进负面思考习惯的时候，人生教练会拉你一把，并且协助你判断，究竟是正面的“奖励”对你有用，还是挑战性的“惩罚”更能够激发你前进。假如你把与人生教练的咨询当作某种在期限之前必须完成某些事物的方法，这位教练也能协助你进入状态。

人生教练特别管用的地方，是当你想在你的兴趣焦点之外寻找其他看法的时候。由于你需要一个立场超然的人，所以很遗憾的，你身边那些亲近的人无法成为你的人生教练。试想，假如你的配偶由于你的改变而恐怕必须搬家或调整生活方式，假如你的事业伙伴可能必须买下你的股权，假如你的同事由于你的离职而再也无法忍受他自己的工作，或者最适合你执行你的兴趣焦点的地方是在三千里之外，那么你的朋友就得忍受思念之苦——你很难期待这些与你贴得很近的人能够彻底中立，无论他们多么努力尝试要保持客观。

大部分城镇都找得到几位值得夸耀的人生教练，但你也可以利用电话或电子邮件向多位辅导师寻求用远距离方式进行咨询。你要记得，你需要的不是鸭子教练，而必须是天鹅！如果你想找的教练自己拥有网站，你可以上去查询，或者索取资料，看看其他客户有什么说法，思考一下，这位教练像不像一位成就斐然的多面向发展人才，然后打电话给那位教练说："我这个人兴趣广泛，你能不能帮我想办法，帮助我发挥才能？"留神听他的回应。他说要帮你得到快乐吗？说要指引你走向你的道路吗？有没有说出类似下面的话："很高兴听到你说你的兴趣广泛！我很乐意帮助你获得满足，我不会让你继续茫然。"以史密斯学院女经理人教育计划室副主任艾瑞斯·玛契（Iris Marchaj）的说法："如果你不知如何是好，就去找一个了解什么叫作'多面发展'的教练。"这表示，你需要的这位人生教练，应该能对于拥有多重爱好的人在金钱、个人生活与实务方面会遇到的课题提出深具创意的看法。

我希望这一章已经说服了你，当你不想在新领域从最基层开始奋斗，你还是有很多方法可以获得新点子、丰富资讯、长期支援和有效的指导。接下来的第8章针对比较年轻的学生讨论如何运用他们的好奇心，如果你不属于这个范畴，可以跳过，直接阅读第四部分。

第8章　给社会新鲜人的几点建议

到目前为止，我听说的例子都是成年之后才发现自己拥有多方面的兴趣，这时他们都已经大学毕业，有了工作。我想知道：你这套关于管理兴趣的策略，也能让我面对“高中之后的岁月”吗？

——爱丽丝，17岁

你年纪轻轻，但已经认识到自己具备多面向发展的特质。本章就是以你这样的人为对象，讨论你们可以如何做决定。恭喜你，既有自觉，又早熟。既然你们及早就认识到自己的特质，此后人生将可以过得非常有弹性，非常满足。

对于年轻人来说，人生道路本来就有多种选择。你可以上大学、找一份有薪水的工作、理家、准备养育小孩，或者放假一年。每一条道路各有独特的机会与挑战，而你当然不是只能选择其中一条。且让我们逐一检视那些摆在你面前的选项。

适合你的大学才是好大学

若说成年人想回避“你是做什么的”这个老问题，那么准备上大学的孩子最常被成人盘问的是：“你想读哪一所大学？”你的高中成绩、测验分数和你家庭的财务状况可能会限制你的选择，但通常你还是会有好多所大学可以考虑。

对于有些具备多种热情与兴趣的学子来说，挑学校就像只能选择一种冰激凌口味，他们简直无法决定。在这种压力下，有些年轻人干脆让师长为他们抉择。然而，放弃了这项为自己做决定的责任会使你在以后的人生里更做不出重大决定。我认识一些逃避问题的多面向发展人才，他们由于担心自己被绑在某一所大学、某一门主修专业或某一份事业上，于是故意搞砸申请流程。如果你知道自己喜爱学习，乐意继续升学，请你不要因噎废食，而要发挥创意，设定界限，做出决定。

以下几条标准可协助你找出适合你的学校，让你发挥你多种多样的兴趣。凡是不符合这些标准的学校就排除掉，等到你用排除法挑出了四五所学校之后，就不要再翻阅厚厚的大学入学指南了。

一、这所学校是否提供了广泛的课程？大型州立大学提供了包罗万象的课程。规模较小的文科学院，尤其是地处偏僻的学院，通常养不起大量教师。但如果你偏爱小型专门学院的校园气氛，可以查询那些学校是否与其他学校有跨校的课程分享专案，让你扩大科目选项。举例来说，我的客户乔尔个性害羞，一直靠在家教育学习。他一想到读书的地方得从卧室转移到大型大学就害怕，很希望能去小规模的大学就读。又由于他在高中毕业之前曾经在暑假研习营担任生物科实习生，迷上了生物，因此他希望将来能做专科研究。一开始乔尔以为这表示他非得进入大型大学不可。但他发现，安赫斯特大学（Amherst College）不但是他偏爱的小型规模，而且与麻州大学安赫斯特分校有合作关系，他非常高兴，这样一来便可在安赫斯特大学选修大提琴和古典语言，同时利用麻州大学提供的应用遗传学的研究设备。

二、这所学校有没有提供跨领域的学程？这种跨领域学程可以让学生在一门主修科目之下满足两三种兴趣。某些领域的进阶课程只开放给符合所有要求的学生，但跨领域学程能让所有学生参与。譬如一个对古文明建筑有兴趣的学生，可以选修包含了高阶地质学、语言学和史学的跨领域学程，而不必先分别修习十几堂预修课程。学校通常会提供跨领域学程的选课单，但你也可以自己规划你想要的跨领域学程。你当然也可以采取双主修甚至三主修的方式，但这往往得多花一学期或一学年才有办法完成各个主修科目所要求的学分数。

假如你不打算攻读跨领域学程，也不想自己规划主修科目，你还是不妨考虑进入那些能提供这类学程的大学就读。既然你有多面发展的特质，你会希望学校对于具有多种兴趣的学生是友善的，而不是要求所有学生都只能选择单一的传统主修科目。

三、学校是否提供了足够的课外活动？这些课外活动是否开放给大部分的学生？你很可能不只对书本感兴趣，所以你会关心各个学校能提供多少课外活动。除了确认它们是否提供你感兴趣的活动，也要看一看这些学校是否也提供了足够广泛的其他选择。

我有个聪明的客户艾琳，她可以在全美最好的几所大学里面做选择。最后她选了康乃迪克州的卫斯理学院（Wesleyan），原因之一是该校的课程包含不少她从来没听过的特殊主题，例如印尼的甘美朗音乐（gamelan），这是一种乐队形式的音乐表演，主要由锣、鼓和木琴等打击乐器组成。艾琳还很年轻，但她已经知道自己可能还没毕业就对她现在的某些兴趣不再起劲，因此她希望将来还能有其他选择。另一名学生马丁则选择了佛罗里达州的学校，原因之一是他在佛州一年到头都可以打棒球。不过学校也提供了有意思的课外活动，例如与海豚一起工作、周末研究珊瑚礁，这些才是促使他决定进入该校就读的主因。

如果你偏好体能活动，那么你所考虑的学校就要能提供多种运动活动，还拥有具备“全美大学生体育协会”资格的运动校队。不少人可以同时应付体育竞技、吃力的学业和课外活动，但有些学生觉得，参加了体育校队之后必须投入相当时间，还必须经常外出比赛，这会使他们没有多少时间从事其他兴趣。为了平衡，你不妨选择比较轻松的方式来加入体育活动，不一定非加入校队不可。

此外，你应该先做功课或者实地拜访学校，以了解它们提供的课外活动有哪些限制，又会不会过度重视竞争。有个高三学生黛狄，她是辩论社成员，她希望能在大学继续参加辩论活动。她拜访了几个列入最后考虑的学校后，发现有几所学校的辩论社团竞争太激烈，辩论代表队竟然只收那些承诺接下来四年都会留在队上的人，而且参加者必须逐年“上升”，才得以代表学校参加全国比赛。黛狄不喜欢这样，因此她筛掉这类学校。最后她选了一所可让所有学生自由参加辩论社的学校，校方是以热情和技巧这两项条件来挑选校队成员，不在乎成员愿意留在队上多久。

四、学校对于课业的要求程度，能容许你有时间从事所有的兴趣吗？花点时间思考你比较在乎什么：是学校的学术声誉，还是你在学校可投入较多活动？你也许认为，若想获得满意的学习经验，就必须有严格的学术训练和学有专攻的教授群，而一份写出了响亮校名的履历表，对于你将来转换事业会有帮助。不过，有些人发现，过于高压的学术环境使他们无法从事运动，无法花几个小时坐在电脑前绘图，无法利用周末参加户外探险社团，清理被污染的溪流。这个问题没有正确答案，只看你想要什么。

再也不必被逼到树上

我有一张照片，照片里的人是亚当·坎贝尔-史特劳斯（Adam Campbell–Strauss），他高坐树枝上打着非洲鼓，炫耀他身上印有“四海一家”字样的T恤。这张照片，被波莫纳大学（Pomona College）选来印在招生简章上，用来吸引学生申请该校。

然而，在那之前我见到亚当的时候，他说他觉得不会有学校认真看待他。他喜欢的事物很多，性质差异甚大，简直可说是分散在地球上四个角落。他热爱打鼓，在好几个乐团表演过，也跟着千里达钢鼓音乐专家杰赛尔·莫瑞（Jessel Murray）挑选的圣歌合唱团巡回演出，担任打击乐伴奏。亚当读高中时，热爱露营和户外求生课程，他还自愿为当地小学担任课后活动的辅导，并且帮忙搭建了自家房屋。高中毕业后，他花了一年时间担任俄勒冈州的环保团体志愿者，教导生态学。

亚当非常惊讶地得知，真的有学校非常希望学生像他这样拥有各种兴趣。他现在是波莫纳大学的荣誉学生，正在考虑研读公共卫生专业。亚当现在发现，一辈子绝对不是只能做一件事。他不再是那个被逼“上树”，进退不得的人了。

多多尝试，选择最能激发你热情的专业

多数大学不会要求学生在二年级之前就决定专业，但亲友经常会期望你好好回答“你的专业是什么”这个问题，也很早就对你问起，早在你大一，甚至还在读高中的时候就问你。对于朝向多面发展的你来

说，你可能会被多种科目领域吸引。如果你尚未决定想主修某个领域，尽量不要让自己因为别人问出这个问题就变得自我防卫。以下是几个比较圆滑的回答方式，让你听起来显得很成熟而深思熟虑：

“我所申请的每一所大学，在申请书上都有一个小方格，假如你还没决定主修专业，就在那方格里打钩。事实上学校都建议学生在还没有把握之前，不必急着做决定。”

“你知道吗，我的学校并没有要求我在大二之前就选定专业。我打算利用大一大二这两年多尝试几种兴趣，然后再缩小我的选择范围。”

对于特别咄咄逼人的亲友，有时候，不妨顺手选择一个你当下的兴趣，把它当作答案：“我会读法文系，这是我的一大兴趣。”然后你就把主题转移到你对于法语的爱好，用你的热忱使对话更显热烈。不过要注意，这个策略对于那些不在你生活圈子里的人最管用，对于至亲好友，你还是该用直接的方式讨论你想如何读完大学。免得他们一头雾水，甚至日后觉得被你背叛。

在大学头两年，你有的是时间钻研课程目录，上至天文下至地理，各种课程都值得尝试。一定要把握这段探索时光！针对你喜爱的主题去选课，但每年都要离开你已经熟稔的领域，拨出时间尝试新的主题，特别是由于这些新的主题令人望而生畏（语言学？戏剧？不要吧！写作班？经济学？我不敢！），你更要去尝试。毕竟，学习新事物能让一个对于多种事物都感兴趣的人更充满生气。

没错，你应该好好享受头两年探索尝试的乐趣，但是别沦落到贪多嚼不烂的窘境。本书第3章的练习，可以让你厘清你认为最重要的东西是哪些，然后你再运用兴趣聚焦的策略，选出三到五项焦点，避免因为选太多而什么都做不好。以布莱娜为例，她的四个焦点是：心灵成长、保持健美、政治活动、以优良成绩毕业。布莱娜打算利用课外时间练习竞技飞盘，借此健身。她也加入了一个本地的草根政治组织。于是当她打开课程表时，想找的课程必须能让她从事另外两个焦点项目。最后她选了一门荣誉学程、一门《圣经》历史。这样一来，她便有余裕完成课程要求，同时发展其他热情。

大学确实提供了在别处找不到的多种可能性，但我以自己的经验做证，生命不会在你大学毕业后就变黯淡。如果你遵循本书的建议，你的未来还是会充满喜悦和崭新的可能性。不要死板地以为，你在大学里选修的每一门课都必须是最理想的选择。

你终究必须选定一两门主修专业。虽然说，你一想到要选定专业就觉得不安，但你大可不必。不要觉得那些板着晚娘面孔的学校行政人员强迫你选定专业。你应该把这件事视为一次机会，让你体验“聚焦”的好处。是的，你没有时间选修所有看起来很棒的课，但你会发现，深入钻研几种兴趣将会为你带来满足感。这时，如果你已经在第一年尝试过几种科目，你会进一步认识自己。你是否喜欢工作伞这类的事业，例如新闻采访？若是，你可能会难以决定究竟该主修哪一个专业才能让你撰写各种有意思的主题。或者，你二年级或三年级了，发现自己很想学习与15世纪中国有关的所有东西，若是这样，你可能就是那种先有少数几种兴趣，但以后会换成另一组兴趣的人。这很好！别因为担心自己也许不会一直对这主题感兴趣，就压抑这个热情的呼唤。记住，投入你目前的兴趣，会让你在将来转换到另一种兴趣。（想多了解热情与力量的关系，请参考第2章。）

如果你到了大三还不觉得有哪一个专业特别吸引你，不要觉得绝望。你可能是那种能够同时投入三四种或四五种不同兴趣的幸运儿。对你来说，最佳的主修专业往往是那种涵盖较大范围、横跨几个领域的学科——这可称为某种“主修专业”。跨领域学程里充满了诱人的选项，不过有些传统的主修专业也可以容纳够宽的范围。让我们来看几个快乐学生的见证：

大卫（欧柏林大学）：“我喜欢历史、哲学、宗教研究、比较社会学、民俗文化和政治。所以我选择了跨领域的比较宗教学作为主修专业。这个专业包含了所有我感兴趣的科目，还让我有时间研究其他主题。”

亚隆（麦卡勒斯特大学）：“当我决定以英语为主进行独立研究时，家人都很惊讶。他们想到了以前在学校上的英语课，认为我这样做太过狭隘。但是在我的学校，标准的英语专业包含了各个历史年代的英美文学、非裔美国文学、美洲原住民文学和非洲文学。能读到那么多隶属不同年代、族群和文化的文字作品，满足了我的多种兴趣，我可以把这些融入我想研究的原住民文化里的语言议题，以及心理原型所扮演的跨文化角色。”

海斯特（布朗大学）：“我没有主修跨领域学程，也没有做独立研究，反而在课表里选定了‘女性研究’。选这门课怎么会错？你可以学到各种国家、文化、宗教与时代背景之下的女性，研究她们的角色与处境。我们女性毕竟在全世界人口里占了53%咧。”

杰克（印第安纳大学）：“写作一直是我的主要兴趣，所以我喜欢主修英语，并且专攻写作。我有两个副修专业，一个是哲学，另一个是西班牙语。我有两个副修加一个主修，表示我不能再选修太多别的东西了，但我喜欢在选择学期课程的时候受到一点限制。”

给出理由、表露自信，让师长认可你的专业选择

家长和辅导老师可能会极力劝你，在挑选或规划专业的时候要“务实”。假如他们是被那些相信“从一而终，由下往上爬”的人教养长大，以为只有这方法才能挣钱，他们就特别会这样说。但你我都清楚，大学的就业辅导中心更可能知道，现今职场对于死守一个工作领域的人并不友善。如果有人希望你攻读你不喜欢的专业，你不妨去找几个能理解你的生涯辅导师，这位辅导师也许会愿意找那些对你施压的人谈一谈。

你可以采用下列这些比较不痛苦的方式，一方面增强你未来的市场性，一方面也安抚你的家长。

一、善用你对于语言的热爱，精通几种外语。这可以为你打开其他国家与文化的大门，也是将来你履历表上的附加优势。

二、由于基层职位通常要求员工要熟练掌握办公室电脑软件，那你现在就开始学某几种电脑软件吧。你也许可以在打工的地方先学到这些技能，将来就赶得上办公室的需求。或者你也可以在就学时先申请进入某家出版社实习，因为你已经会处理报表或使用绘图软件。

三、运用你对于多种事物都感兴趣的特质，研习至少一门电脑课。这可以让你认识软件的基本原理，这方面知识足以帮助你应付不断推陈出新的程序。

四、通过你的一两项焦点爱好，在某团体里取得领导地位。也许是担任运动校队的队长、学校的社区服务团体代表、校刊编辑，或者是在学生会、学生服务社团等社团里担任干部。

这些领导经验在你日后找工作时都足以吸引雇主，而对你自行创业

也有用，还可以帮助你更轻松地转换跑道。

另外，为了让你所修习的各种科目具有实用性，你要留意你在每一个兴趣领域所选修的课程数目。我有个客户安妮，她按照自己的心意主修比较文学，副修历史，她说："除了比较文学与历史，我还选修了德语、政治学和钢琴表演。我在大学过得很开心，但现在我才知道，如果当初我再多修几个学分，或者稍微调整课程组合，就可以让这些科目变成我的第二副修。读得这么辛苦却没能拿到什么证明，似乎挺浪费。"

还有一个很实际的做法。你可以刻意找出一种既可以反映你的爱好又显得很特殊的专业组合。假如安妮当初把她的英语主修结合了一个钢琴主修或副修，毕业后她不但可以教授钢琴，也很有机会撰写乐评。一个以建筑为主修专业的人，毕业后可能留在国内执业，但如果他对其他国家文化也有兴趣，那么以阿拉伯语为主修专业或副修专业就有助于他前往中东地区寻找与建筑相关的工作——假如他发现自己热爱旅行，这可真就是个既方便又能赚钱的选择。

一边工作，一边读书

如果你必须半工半读，那么就不要只找一般的工作，而是去找一份真工作。也就是说，试着找那种可以满足你兴趣焦点的有薪工作，好比说，你可以在工作的时候阅读，或者可以让你结识你最喜欢的兴趣的相关专家。（想更了解如何选择能够推动爱好的工作，请参考第5章。）

是否读研应取决于你对自己的人生规划

你刚升上大四，在某个时刻浮出了一种似曾相识的感觉，仿佛回到高三那年，大家频频问你对未来做何打算。只不过现在他们想知道的是你大学毕业后的计划。莫扎特类型的人很轻松就能回答，因为多年来他们已经锁定目标。但是对于拥有多种热情的人来说，这个问题他对自己都回答不了，如何回答别人呢。

这时，又是最适合利用“最在乎的五项价值”策略的时机了。也就是说，这时候，你得知道自己比较重视哪些东西，是善用理财方式保障财务安全比较重要，还是随心所欲过生活比较重要。具有冒险精神的人可能会一口答应室友的邀请，一起背上背包自助游欧洲。但如果你比较在乎安全感，你可能不会去旅行，而是申请几堂在未来有助于你跨入几种事业的进阶课程。这类课程能够加强你的条件，帮助你应征好工作。无论你以后如何改变兴趣，“深造”也许才符合你目前的价值观。

你会惊讶于硕士班课程的多样化。举例来说，你大概知道管理学硕士班对于管理、财务或创业都有所裨益，但它也有助于你在发展中国家的非政府组织找到工作。如果你迷上亚美尼亚或乌干达，一个MBA头衔就可以派上用场。像中小企业处这类政府组织或是红十字会这类大型非营利组织，也会把MBA学位视为额外优势。其他领域的硕士班研究，可以为你打开许多扇窗，譬如国际关系或世界经济学这类学位，可为你带来环游世界的机会；有些硕士学位能够带你进入处处有惊喜、经常身陷特殊处境的工作类型，例如刑事工作、紧急救助或深度新闻报道。

假如你考虑进入研究所深造，记住一件事：你会做某件事，不代表你就应该做那件事。也许依你的聪明才智来说，你进入（学士后）法学院或医学院绰绰有余，或者你才华横溢，足以被顶尖艺术学院录取，但你不要耗费珍贵岁月，背上大笔债务，投入那些你并不真心喜欢、并不被你列为兴趣焦点的事物！每当我看到一个多面向发展的人才投入大量时间和金钱读了研究所，却在日后觉得被自己的职业绑住，无法活力充沛地过生活，敞开心胸接受自己不断改变的兴趣，我总觉得难过。从这一点来说，对于那些赞赏你的学习热忱，也许会敦促你跟随他们的脚步，进入他们的领域取得进一步成就的教授，你应该小心一点。他们的鼓励或许很有定心效果（甚至让你乐得飘飘然），但鼓励仅仅只是鼓励。你的人生是你自己的，不是那些教授的。他们也许喜欢专注在学术世界里做研究，但这对你来说不见得是乐趣。

在多变的企业文化中保有自己的兴趣焦点并非不可能

进入企业界的第一份工作，可能会让你觉得错愕。大学时，至少大三大四那两年里，你都能掌控你大部分的时间，譬如你可以一周只上三天课，而且只要把指定作业完成，没有人管你其他时间从事哪些爱好，也不管你是不是熬夜写报告。现在，你每天花八小时以上，走进同一栋大楼，坐在同一个位置，面对同一张桌子，为同一个老板做事，一星期五天，一年五十个星期。而且，天哪，周围很多人年复一年做同样的事情，他们难道不觉得可怕吗！

你在进入职场的头几个月或头几年会学到很多东西，也可能更深入地认识你这份工作、获得认可、加了薪，甚至职务得到升迁。但是，你早晚还是会碰到本书所描述的危机。

如果你很警醒，一直都知道自己拥有多方面的兴趣，而你在进入社会的第一天就知道自己不是莫扎特那种专注一件事的人；你也自知，在那种只奖励努力付出与忠诚态度的企业里，你不太可能多么开心，那么你该如何面对你的第一份工作？你的角色已经从学生转换为某家公司的员工，这时你该如何在经常改变的企业文化里保有自己的兴趣焦点？

如果你正在费心应付上述问题，以下给你四个窍门。

首先，不要做过头。

上班的头几个月，你可能会工作到深夜，周末也加班。这是你的学习曲线快速升高的阶段。而你也可能把工作之外所剩不多的时间用来摸索成年世界：布置你新租的住处、在这座新城市里探索、自己烧饭。你可能觉得这些经验让你生气蓬勃，但如果你的工作不是你的兴趣焦点，而你又没时间投入自己的兴趣，你也许渐渐觉得对生活失望。

你得接受现实，知道你需要时间来适应新生活。你的住处很快会布置妥当，等你习惯了工作环境，这时你比较能清楚判断这份工作能不能真正满足你。我认识一个聪明绝顶的文艺复兴灵魂——拉卡希 · 沙地亚（Rakesh Satyal），他把自己社会新鲜人的生活与他在普林斯顿大学大一那年做了对照。大一时，他想尽办法读完各科目的建议书单上所列出的全部书籍与参考资料。一阵子之后，他发现就算只是略读某些指定阅读，甚至完全不读，也能掌握那一堂课的内容。“进入美国企业之后，我又像大一时候那样。”他回想，“我花不少时间才摸索出这份工作的界限与节奏。我一开始不明白，为什么上司会跟我说：‘你还在这里干什么？快回家！’最后我终于懂了每一个多面向发展人才一开始就应该知道的事：经过了最初那段适应期之后，你要开始抽出时间给自己。因为一直忽略自己那些热情是很危险的事，这样下去，你有一天就会认不得自己喜欢的事物了。”

刚开始工作时，你很可能会想要仿效那些打算把一辈子都奉献给工作的同事——如果你把工作纳入你目前的兴趣焦点组合，这样做当然没问题；但如果你不是，而你想同时投入别的事物，你就得小心。年轻时养成的习惯通常可以持续一辈子，对你这种兴趣广泛多变的人来说，一定要一直贴近自己的兴趣焦点。

其次，你要善用工作之外的时间。

对你来说，时间管理始终是一种挑战。（本书第10章会列出多项策略，专门讨论时间管理的课题。）你要训练自己的抵抗力，面对种种吸引人的事物。

不要落入“起床—工作—吃饭—看电视—睡觉”这种作息模式，而应该尽可能有意识地善用工作之余的时间。也许你得比读大学的时候早睡早起，才能不被工作耗尽精力，有余裕从事其他兴趣。也许你的新住处可以不要买电视机。如果你的行程和预算容许你每星期腾出一个晚上外出，你可以选择你所喜爱的音乐会或读诗会。

再次，你要知道自己是为了什么而来到这里，做这份工作。

如果你找到的只是一份基层工作，负责安排老板的行程、倒咖啡之类，你可能会想：这有什么意义？等到我能承担大任的时候，我可能对这一行失去兴趣，改做完全不一样的事了！这是个好问题。但是，你拥有多种不断改变的兴趣，并不表示你不能度过一段有意义的工作时光。对于兴趣多元的人来说，他们通常会花长达十年以上的时间把所有精力放在一个兴趣焦点上，而后再投入下一个兴趣。至于那些在“工作”之下同时培养几种兴趣的人，也可能做一份工作十几年。真正的多面向发展人才，是在精通了某个兴趣焦点、变得厌倦之后，才会改变自己的焦点组合。多面向发展人才可不是“跳跳虫”（Change Junkie）——套用美国作家布朗森（Po Bronson）在《这辈子，你该做什么？》（*What Should I Do with My Life*）一书里使用的生动比喻——譬如这类人里面很多都喜欢学习外语，他们很少在背诵了初级的单词变化表之后就停下来，因为他们知道学习新语言的乐趣才正要开始。企业界的工作也一样，如果你知道，做过了必要的基层工作之后，才开始要学习如何熟悉这个领域，你的精力与兴趣就可以维持得更久。当然，工作环境里如果有很多志趣相投的伙伴，这会很有帮助。

所以，或许你一开始只是为文件归档，或者只能参与几个小小的会议，但如果你决意尽可能多多学习，你就可能比别人更早脱离基层工作。本书第2章提到了一位曾在锐步集团担任总裁的女性，还记得吗？她奠定成功基础的方式是向所有部门的人请教。

或许，你很乐意在企业里晋级几层，但你很清楚自己不想为了当上高阶主管而做出某些重大牺牲。这也无妨，你还是能累积许多经验，未来也许能带领你进入其他的事业或兴趣。

在此同时，如果你的职位与你的某项兴趣焦点是有交集的，你就可以把这份基层工作视为你的“真工作”。你不是为了工作而工作，而是把这份工作视为执行你的兴趣焦点的工具。假设你是助理，负责张罗公司会议的办公室，你就比那些位居中阶的同事有更多机会在大人物面前曝光，不妨善用机会向这些高手学习，或者巧妙建立关系。如果你的公司提供了课程让你可以更深入你的某个兴趣焦点，你就该去上那些课。你也可以请公司准许你使用某些你在其他地方不容易找到的设备。这就能让你有时间投入其他兴趣。

最后一点，不要变成薪水的奴隶。

前面提到的拉卡希，他运气不错，第一份工作就能配合他的兴趣。有些人找了一份能带来收入又能接近自己兴趣焦点的工作。不过，假如你选择这份工作的最主要原因是为了高薪，因而进入了一个需要长时间工作的领域，譬如财务规划或法律，你就要确认这份工作会不会损坏你的生活。我先前说过，如果你的同事们都是专心大师，只想做一件事，吃喝拉撒睡都在想工作，那么他们这种态度对你会有危险的传染力。对他们来说，比赛谁先爬到阶梯顶端是很刺激的活动，可以带来成就感。但是对于你这种具有多面向发展特质的人来说，最重要的是保有梦想。别忘记，你来到这里的理由与那些同事不一样：你是为了薪水，为了达到某个阶段性的财务目标，而不是要一辈子留在这里。

我有些客户，为了向自己强调这项事实，就在银行里开设了几个账户，其中一个是“梦想基金”，让梦想基金的增长提醒自己：给了你这份薪水的世界，不是你想停驻的世界。以瑞斯为例，他大学毕业后的第一份全职工作是在电话公司当经理。他需要高出一般水准的薪水帮他付清大学助学贷款，但他真正的梦想是成为飞机驾驶员。因此每当他的薪水汇入银行账户后，他就去自动柜员机提领一笔现金，那是他的“驾驶训练费用”。他说：“我很喜欢定期看到自己捧着这几张钞票，然后把钱存进我的兴趣焦点账户里。每一张从柜员机出来的钞票都像是一块交通标志，上面写着：‘瑞斯，你没走错路，你现在正坐在梦想的车上，前往你想去的地方！’”

让兴趣焦点来弥补你学历不高的求职短板

许多高中毕业生一离校就想尽快工作。当你进入职场，多面向发展的特质对你来说可是一大好处！

这是因为，你将会用与同事截然不同的眼光来看待你的第一份全职有薪工作。别人可能会被找寻终生事业这种压力击垮，或者因为找不到有趣的工作而萎靡不振，但你不一样。因为你知道，真正能代表你这个人的，不是你所找到的工作，而是你那些兴趣焦点。许多像你这样的多面向发展人才，会去找一份能够让自己的兴趣焦点往前进展的工作，这表示你是为了明确的目的而花时间在这份工作上。

我向一个高中毕业生的家长说了上述观点，他看着我，一副我是神经病的样子："你知道一个高中毕业生能找到什么样的工作吗？薪水低又没前途的超市员工，超级没地位的幼儿园助理，或者当警卫工友，就是这样而已。这类工作，如何让一个未满20岁的小孩子寄托他那些想得美的热情？"

我疯了吗？先来看一看真实生活的场景吧。安德鲁高中毕业后的第一份工作，是在高中母校附近的快餐店当最低薪资员工。他来找我的时候，情绪低落，觉得人生无趣，痛恨他工作的每一分钟。他讨厌告诉别人自己在那种"蠢地方"上班，而他已经因为被指出他"缺乏热忱"而与主管闹过几次不愉快——我一点都不意外，因为他是个多面向发展的人才。他跟我说，他热爱古董飞机，喜欢花时间在他的旧福特野马跑车上，而且他在组织事物时都会感受到一股冲劲。他说："我很会分析事物，组织东西。我妈整修厨房后都让我负责归类整理。"

我让安德鲁明白，他需要的不是无聊的工作，而是一份可以帮助他享受他热情的有薪工作。他听后认为，自己不能再待在速食店工作了。但他能找什么其他的工作呢？他在学校的成绩不佳，他也不拥有什么值得向职场推销的技能。他似乎注定只能做餐厅或零售业的基层工作。

我说，从零售业的基层工作开始，有什么不对？他还年轻，只要能够在工作的地方满足他一项以上的兴趣，这份工作就没有不好。所以，安德鲁后来想做的有薪工作是什么呢？他在机场附近找到一家贩卖飞机零件的商店，在那儿当仓管人员。他工作得如何呢？首先，他非常高兴有机会运用自己的组织能力，设计出一套有效率的隔架与置物方法；更重要的是，顾客与同事知道了他对老飞机颇有研究。很快地，对于螺旋桨或引擎这种专门知识有疑问的飞机主人，开始指名找他。他被升职，调到柜台工作，在机场这一带小有名气。有几位他遇过的飞机主人还给他机会，让他在下班后驾驶他们的飞机。

后来，安德鲁代表老板参加了一场飞机维修保养商品展。在展场上，他除了为店里采购，也结交了几个拥有第一次世界大战时期飞机的人。他本来就对这类型飞机十分着迷。安德鲁和一位老先生攀谈，老先生说想雇用他帮忙维护飞机，并扩充飞机收藏。当这位老先生联络安德鲁的老板时，老板有没有大力推荐安德鲁呢？当然有啦。我听到的最新进展是，安德鲁跟着这位老先生的古董飞机飞到全美各地参加各种展览，而且老先生还帮他付钱，让他去上航空科技职训的课。

这种设计人生蓝图的技巧，康苏拉也采用了，寻找到她高中毕业后的第一份有薪工作。她与高中时代的情人结了婚，怀了头一胎，从财务角度来说她根本不必想升大学了。于是她去市立大学应征了那儿的帮佣与厨房职业。这种工作的员工流动率高，所以康苏拉很快就找到一份帮佣工作。康苏拉最有资格告诉你，打扫宿舍卧室的工作糟糕透顶。那么，像她这样一个喜爱学习新事物的人为什么会接受这么无聊的工作？因为这工作使她可以减免该校的入学学费，此外她还可以享有员工福利，去上职涯发展、生活技巧训练或领导力发展的研习课程。她的工作上司甚至接到指令，必须让她在某些工作时段去上这些课程。

金钱的滋味与诱惑

一份有薪工作让你初尝金钱的滋味，无论数目多少，都请你好好享受。不过，由于你一定会渐渐想要过自由又充满变化的生活，因此你应该格外小心，别为了购买不重要的小东西而背债，不要购买分期付款金额过高的新车。别忘了，你想要的是一个有弹性的人生。沉重的债务——况且你是为了你并不真正需要的东西而负债——只会阻碍你投入你的热情。

所以啦，你还是能把一份低薪的基层工作转化成与你的兴趣焦点有关。但如果你用深具创意的眼光来看待你的热情，你会发现你可以选择做别的工作。我的客户邦妮就是个好例子。她很喜欢为老人工作，高中时代就曾经在安养院与老年活动中心当过短期志愿者。她在高中的法语课努力学习，很想继续升大学。事实上，邦妮已经得到一笔奖学金，但家人突然生病，医疗费很庞大，使得她没有余钱付学费、买书、旅行或支付杂项开支。于是邦妮延后一年入学，并且采用本书第7章提出的“动脑大会”技巧，想出一个很不错的做法：她陪伴那些想拜访法国的寂寞富孀出国旅行。邦妮用她当志愿者时建立的关系，整理出一份名单，然后她在九个月里与几位她喜欢的老太太六度造访了她心爱的法国，所有费用都由别人支付。那么她如何运用她的薪水呢？她把钱存起来，一直存到够她用这笔钱补足奖学金所不够的部分。那些对她赞誉有加的推荐信，她一一保存起来——谁知道她继续前进的路上，这些推荐信会在什么时候派上用场！

在现有工作中去发现你感兴趣的内容

虽然你不打算高中一毕业就进大学，但是你还是能找到学习机会。许多工作都能让你在赚钱之余学习相关技能。例如你在工会当学徒，虽然你赚的钱比不上全职人员，但你不必在“学习”与“赚钱”之间二选一。许多陶艺家在担任助理的时候发展出技巧。许多演员会告诉你，他们在小型社区活动中心或百老汇的小型舞台剧场工作的时候，学到的东西比去上课还多。如果你喜欢为别人介绍适合他的理想房屋与社区，你可以去上课准备考房地产经纪人执业资格，其他的就边做边学。我的客户苏珊受训成为放射技师，她完全是在工作中学习的。

高中毕业的赖瑞，不需要跟大部分青少年走同样的路。赖瑞的父亲用他的铺路生意为赖瑞“铺”了一条人生路，他要儿子们高中毕业后都进他的公司工作，做一辈子。赖瑞的两个哥哥都不是那种兴趣广泛的人，认为自己运气很好能有这种老爸。事实上，有些人在高中毕业后就直接进入家族事业，并不是因为他们喜欢那个事业，而是出于熟悉，而且这比自己闯荡来得轻松。他们对自己说，他们当然不会在那里待一辈子，但他们不知道，一旦在舒适的工作环境安定下来之后，想离开是多么困难的事。但赖瑞没有掉入这个陷阱，他反而害怕加入家族事业。他为什么要和父亲一样，73岁了还在街上铺马路？赖瑞努力思考他能有什么别的选择，他发现自己并不知道自己喜欢什么事物，只知道自己不想整天只做一件事。开着柏油车直到退休，听起来比坐牢还惨。

赖瑞慢慢对于自己的多面发展本质与内在渴望有了认识，他明白了自己想创业。他还不知道自己想做什么生意，但他很喜欢“当家做主”的感觉，喜欢同时执行多项职责——这时候，他对于进入家族事业突然有了全新看法。赖瑞心存感激，把铺路公司转变为他的真工作。他抱着开公司的梦想，尽力参与家族事业的各个环节。父亲要儿子们都从基层职位开始做，他不觉得有障碍，因为他想看到各个细节如何共同完成一件事。聪明的他，特意担任家族代表，加入了当地大学开设的“家族事业中心”。

到了赖瑞觉得准备妥当的时候，他向父亲表明自己想读商学院，最后自行创业。父亲先是大吃一惊，但出乎赖瑞的意料，父亲接下来反而把他推上他的人生路。“儿子，如果你想出去闯，而且想开公司，要不要干脆经营一家制造精良铺路机的公司？那些老旧铺路机都不适用了，你看这年头的马路到处坑坑洼洼。”谁知道赖瑞最后会不会做这一行（也不知道他想做多久！），但父亲的建议必然会在他撰写商学院入学申请书的时候，有一个明确的焦点可以发挥。

你得找到适合你的最佳工作方式

找工作的时候，你得找出最适合自己的工作风格。年纪稍长的多面向发展人才，拥有比较多的生活历练与工作经验：他们可以回顾过去的工作，从中发掘自己在哪些时候活跃，哪些时候则否。他们有够多经验帮助自己思考，他们比较适合为别人工作，还是独立作业？比较适合连续长时间工作四天，然后休三天假，还是根本受不了长时间工作？

对社会新鲜人来说，你还是要尽可能找出适合你的工作方式，弄清楚自己想不想独立作业、打卡上班、在户外工作。如果工作环境不适合你，可能会让你沮丧，怀疑自己的能力，这对一个多面向发展人才来说特别危险，因为你们本来就受够了“怪胎”“优柔寡断”这类批评。

下面这个练习可以帮助你看清你适合怎样的工作方式。尽可能详细回答，并写下来。然后把这些问题拿去请问你身边对你熟悉的人（最少问六个人）。这些答案可以帮助你评估你所考虑的机会里面哪些比较适合你。

适合你的工作方式

- ☐ 我适合为人工作，还是应该自己当老板？
- ☐ 我能应付自雇事业的不稳定现金流动状况，还是需要有固定薪水？
- ☐ 我善于达到别人的要求吗？我能不能听从指挥？能不能准时完成任务？

- □ 我善于自动自发执行计划吗？我遇到困难时仍能坚持吗？
- □ 我能不能承认错误，并从错误中学习？
- □ 我能不能承认我不懂，并寻求协助？
- □ 我需要在户外工作，劳动身体，还是比较适合办公室里的工作？
- □ 我比较适合团队合作，还是独立作业？

照顾家庭其实是一份无薪事业

我很喜欢一张汽车贴纸的文案："全天下的妈妈都是职业妇女！"操持家务、生儿养女，都领不到薪水作为报酬，但很多年轻人（通常是女性）通常会选择在家，而非上大学或工作赚钱。这年头很少人称颂母亲或家政管理的角色，但假如你已经思索过你的几种选项，而且你有收入来源，那么在家当主妇倒是有不少好处。

第一个好处是，你可以把生活过得非常有变化。在家过日子，让你有机会经常变更三餐菜单，调整家具的安置与摆设，设计亲子活动。这种多样化非常有益于你热爱变化的灵魂，而且即使预算非常有限也不妨碍。我认识一个手头拮据的母亲，她每个星期天煮一大锅米饭，然后每天设计不同菜色，周一是印度咖喱、周二配番茄酱、周三吃蔬菜拌豆腐等，以此让烹饪变得更有趣。多年前来找我咨询的一位客户，也享有类似的乐趣：只要天气许可，她每星期六下午就带家里三个好动的小男孩到各个国家公园、森林或瀑布玩耍。她无法预知孩子们会看到什么样的鸟或美丽石头，也不清楚孩子在跳过腐木，或在头一次见到的小溪上跨越溪中大石的时候，会发现什么迷人的事物，但她不必花大钱买电影票，买爆米花和汽水的钱也省了。

理家和履行家长职责，也需要心力，而这些人可以决定自己想在什么时候做哪些事。这表示你可以用更具弹性的方式运用时间。想做体能工作的时候，你可以擦窗、和孩子赛跑上山、清理橱柜；当你想静静坐着，你可以读故事给孩子听、记账，或在孩子听录音带的时候折叠洗好的衣物。

但你还是要注意某些风险。许多高中毕业后很快就成为父母的年轻人，发现自己在未来几年里不太能有什么选择，这不只是因为要花时间照顾小孩，也因为养家的经济压力使然。而且，就算你把理家和亲职做得创意十足，你还是得面对令人生畏的日常例行工作。你很容易就会厌恶这样的角色。所以，你应该努力维系你的至少一项兴趣，以此把你的心思带到家庭以外，虽然你的身体走不开。利用网络、电话或图书馆等资源，为自己找一位前辈导师，或者花时间与朋友做脑力激荡。说不定你因此学会在家做生意，贴近了你的某个兴趣焦点，让你与（有薪水可领的）职场保持联系——你毕竟是一个对多种事物感兴趣的人，所以你“一直”待在家里的概率实在很低。

给自己放一年假想清未来要怎么走

无论你对于未来有何计划，你都可能会希望（高中或大学）毕业后能先放一年假。你需要在面对未来之前、在接受下一阶段的教育之前，先休息一阵子。也许你想给自己一点时间探索自己在乎哪些事物，确认自己的热情所在。你甚至打定主意要在踏出下一步之前，先让自己花一段时间“长大”。

如果你正在考虑休息一段时间，不妨记得以下几点：

★你的同志多得是。许多成功人士年轻时候都曾给自己一段休息时间。美国作家爱默生（Ralph Waldo Emerson）觉得惊讶，为什么伟大的诗人惠特曼（Walt Whitman）没有更早出版作品。惠特曼对此的回应是：“我在小火慢炖。”

★“放假”一年，不表示你在这一年里就不能为你的履历表加入强项。能说两三种外语，深入了解其他文化，操作特殊设备，这些经历都会被大学招生组和雇主视为加分项目。你也许可以先暂缓你攀爬国内大山的计划，改为前往其他国家健行，而且最好是可以让你练习你所学过的语言，又带着录影设备记录下过程。回国之后，你在申请大学或工作时可能就比其他竞争者多了些优势。

★暂别校园环境或者工作压力一年，不表示你也离开了自己的兴趣焦点。如果你对考古学有兴趣，不妨看看麦克罗斯基（Eric McCloskey）编纂的《考古志工》（*Archaeo-Volunteers: The World Guide to Archaelogical and Heritage Volunteering*）一书。如果你想从事助人工作，也渴望看看世界，不妨阅读柯林斯（Joseph Collins）的《如何实现海外志工梦想》（*How to Live Your Dream of Volunteering Overseas*）及类似书籍。

从无数可能中先选定一种去执行

一个喜欢朝多方面发展的人，可能会在几种可能性里都看到好处：升大学有好处，工作有好处，待在家里养小孩也有好处，休假当然也很好。所以，最重要的问题也许是：“我该如何从这些道路中选一条来走？”幸好你这辈子有的是时间把每一件事都做到，但你可能得先选其中一两项作为起步。如果你实在不知道自己想做什么，你可能会想求教于某位睿智的长辈、顾问或人生教练。你也可以检视自己现在的兴趣焦点，把它们视为导引。拿着你的兴趣焦点清单，问自己：

* 哪一个选项最能让我的兴趣焦点往前进？
* 哪一个选项带来的限制最少？
* 哪一个选项最能引起我的兴趣？

认真思考，诚实面对自己的答案。这可以帮助你挑选适合自己的道路，做出至少在现阶段对你有利的决定。

PART FOUR

理想的生活

你需要借由辨认自己内在的“意向”来帮助你投入自己的兴趣。找出你的心意之所趋，有助于你定出必要步骤，实践兴趣。

别把时间规划得太细，别把事情安排得太紧凑，以免你遇到了机会却无法掌握。不要以分钟或小时为单位来规划生活，而要以星期或月为单位，并且只列入真正对你重要的事物。

当你在实行兴趣焦点的时候，遇到麻烦，觉得横遭阻碍，动弹不得，你可以回想曾经有哪些方法对你管用，然后把这些方法拿出来运用。重要的是事先写好解决之道，拟出一套可以随时派上用场的步骤。

第9章　从确认到执行：稳步将兴趣焦点化为切实行动

> 我确认了自己的四个兴趣焦点，我的空巢期因此似乎变得精彩很多。但我该如何知道自己选对了焦点组合呢？我不想把大量时间与精力投入这些事物之后才发现自己走错了路。
>
> ——凯瑟琳，48 岁

你已经准备好，要根据你的第一组兴趣焦点组合来过生活。想过着从事多种兴趣的人生，首先要设定目标，而设定目标的过程，应该要能适合你的思考模式与行为模式。你可能早就不用“未来五年计划”这一类的传统目标设定法，因为这种方式需要长期投入，并且一个步骤接着一个步骤执行（不容许分心）。但是，这不表示你不能或不该采用其他规划法。研究一再显示，那些嘴上挂着“等我有空，我就会去做”或“我总有一天会朝那个目标努力”这种话的人，连自己的梦想是什么都画不出一个轮廓。

如果你没办法承诺自己可以投入，你就算设定了目标也不会有用处。所以，先让我介绍一种对于多面向发展特质来说最有用的工具之一：PRISM测验。

PRISM测验：让你更加确认最佳兴趣焦点组合

PRISM测验（棱镜测验）可以严格评估你目前的兴趣焦点组合。就像光线穿过棱镜之后折射出色彩，这份测验也能以新的角度帮助你检验自己的兴趣，厘清模糊之处，确认你最终的选择。

为什么PRISM测验对于多面向发展的人如此重要？这就要回到一个老问题了：你的自我怀疑。因为你先前决定要做的事往往无法长久持续，而你明白自己很快又会受到其他选择的诱惑，这使得你对于自己的选择没有把握。一旦你通过PRISM测验来检验自己的兴趣与热情之后，你日后质疑自己的机会将会减少，而比较可能持之以恒，并从兴趣焦点中获得满足。

你不必在一次测验里评估你所有感兴趣的事物。许多人喜欢一次加一项焦点进入生活里，慢慢让这个焦点组合的项目达到他们最适宜的数量。如果你还不确定自己想先尝试哪个或哪些焦点，大可再花点时间琢磨，然后再来做这个测验。

到这里，我一直鼓励你用概略的方式来思考你的兴趣焦点。有人把“写作”列入，有人则可能想“当个好爸爸”。这种开放式是很好的出发点，让你保有最大的弹性来斟酌、脑力激荡、思考如何兼顾兴趣与收入。不过在开始做PRISM测验之前，你必须更认清这是一个什么样的测验。花点时间修订你的兴趣焦点，对它们做出更精确的陈述。想写作的人可以简单写下：“我想写小说，然后出版它。”想当好爸爸的人则可以写：“我要更积极参与儿子的活动。”

为自己的兴趣焦点写下了更精确的陈述之后，便可通过PRISM测验来检视你这些焦点，察看它们是否包含五项要素：代价（Price）、现实（Reality）、完整（Integrity）、明确（Specificity）、可测量（Measurability）。

P：代价

你为了追求这个兴趣焦点，要付出多少代价？不仅是支出的金钱数目，也包括要付出多少时间、承担多少情绪压力，所爱的人会为你做出哪些牺牲。本书第3章提到的艾米，她若想赢得东北区射箭冠军必须接受全天候训练，对她而言这件事需要付出太高昂的代价，于是她把目标改为取得参赛资格即可。

有时候你得深入探索内心，才能在降低代价的同时仍然保有兴趣焦点的本质。以我的客户薇琪为例，她满脑子想去法国，为了凑足旅费，她身兼两份工作，因而忽略了通常能使她保持平静的瑜伽与写诗。几个月后她精疲力竭，但仍决意要让梦想成真。那么我们来检视一下薇琪想从法国之旅中得到什么。原来她很喜欢身边围绕着说法语的人。为了把追求这项目标所造成的经济与情绪压力降低，薇琪掌握了这个兴趣焦点的本质（让身边围绕着说法语的人），放弃了昂贵、需要她身兼两职才能赚足旅费的法国之旅，改为前往说法语的加拿大魁北克。

R：现实

投入兴趣焦点，你会碰到哪些每日都得上演的现实？不少人因为自己喜爱去宗教修习中心，所以也想经营一处类似场所。但去修习中心当游客和自己经营修习中心，是两码事。当你检视自己的兴趣焦点时，不要只问自己如何达到目标，也要问自己：目标达到后，你能不能喜欢每天的实际生活。

我的客户苏西有意就读医学院，但她认为，现今的行医方式是让病患挤在候诊室、医生迅速完成十五分钟诊疗，这种压力不是她理想中的生活。对于她来说，行医的本质在于恢复健康。既然她也对传统中医相当感兴趣，于是她决定转攻中医课程。如今她已成为私人诊所的针灸师，可以用最适合自己生活方式的步调来工作。

对学生来说，大学头两年是决定主修科目之前检视现实的好时机。一名喜爱参观天文馆的学生，修了一门天文学课之后才发现，这门主修科目要求学生花更多时间翻阅科学读物，而不是一直凝望天上的星星。

I：完整

由于多面向发展人才常常被各种事物吸引，包括那些不在他们重要焦点之列的事物，因此，说明你为什么认为某个焦点值得你投入，会是很好的练习。试想这项事物能不能让你恢复游戏心情？这项活动能激发你的孩子产生灵感吗？它能让你发挥自己的色彩与设计感吗？花一点时间写下理由说明自己为什么想投入某项兴趣，可让你保持住这几项最能彰显你灵魂特质的选择，并从中了解自己是否错认了某项活动是自己重视的价值。

S：明确

仅仅说你想“协助并关怀他人”是不够的。你想协助谁？关怀什么？如何做到？把你的兴趣焦点说成“我想帮助他人”，不如精确说明：“我想在收容所工作，想陪伴来日无多的病童画画，好减轻他们的恐惧。”你唯有提出了明确的陈述，日后才能知道自己是不是已经追求到了这项兴趣焦点。

从这一点来看，我们必须记住，“成功”对于多面向发展人才来说是一个敏感主题。由于这种人经常被责怪为容易分心、静不下来，甚至疯癫古怪，而这些特质推翻了传统认知上的成就定义。因此在做PRISM测验的这个“明确”检验时，请回想多面向发展人才的特质之一：我们认为的成功，不是别人认为的成功。我们知道有时候成功不在于结果，而在于过程。因此当你在描述对于你的兴趣焦点来说怎样才算是“成功”的时候，你要问自己：什么是“重要的”。你想在全市里开发所有可建屋的地点，掌握新挑战，建立新知识，最后成为亿万企业的领导人？好极了！还是说你只想买一处房屋，学习建造房屋的流程？这也很棒！两种方式都可以成立，重点在于“你认为”什么是重要的。

你也可以用PRISM测验的这个“明确”标准来检验你是不是把目标定义得太狭隘，以致局限了你的抱负。唐诺是个邮差，他一直苦恼于手套的问题：该选保暖手套呢，还是该选能够让他灵活运用手指的手套。因此唐诺决定自己设计出既保暖又方便手指活动的手套，他把这件事列为兴趣焦点之一。当唐诺通过PRISM测验来检视自己的陈述，他发现他的定义太局限了，其实他有兴趣开发一系列的功能外衣，不只是开发新手套而已。

唯有明确，才能让梦想变得具体，出现轮廓。当你明确知道了是哪些事物构成成功，你才能对自己和别人描述你的渴望，好让别人能提供适当协助。莱丝丽是个健身狂，她说：“每当我迷上一种新运动，我都会在晚餐时说‘我打算学一阵子瑜伽’之类的话。大家听了只是微笑，低头继续吃饭。但最近我开始为自己建立明确的目标，譬如我要跑一场迷你马拉松。当我宣布那些目标时，家族的人会来问我的进度，说要帮我照顾女儿，好让我能去跑长一点的距离。他们喜欢在我的活动中插一脚，虽然他们知道我所做的活动变来变去。”

M：可测量

每条兴趣焦点陈述都必须包含日期和其他数字。需要多少小时、取得什么成果或专业学位？光说你想在收容所工作，却没有设定达到目标的日期，不会让你有急迫感、促使你做出承诺。“很快”或“今年后”

不是管用的期限。你想的是下星期起担任收容所志愿者？下学期开始在孩子上课的时间出去兼职？五年内取得艺术治疗师学位？多久成为主管？

到这里，你脑子里可能警铃大作，想着："我又要被钉住，被围起来，被堵死了！"这是正常反应。因为你一向以来都处在欠缺弹性的严格计划里。你小时候想参加体操课程，但双亲说你必须至少持续上课一年才可以，虽然你早就翻出漂亮的筋斗，打算学其他事儿。或者你参加了一门教导如何设定目标的课程，强迫自己列出"五年内开一家古董店"的计划，但三年刚满，你转而对拍卖工作感兴趣，那个被你放弃的开店计划看起来像是又一桩失败的证据。

对于设定日期感到不安，这没关系；但你还是要设定日期，只不过要合乎实际。你也许希望在几个月里就完成一个兴趣焦点，不要花几年。但你要切记，这个设定期限的目的在于帮助你同时专注于几种兴趣，而设定了日期有助于你勾勒蓝图、采取实际步骤，使你的爱好开花结果。

在你用PRISM测验检视你的兴趣焦点之前，我要再提醒你一件事。如果你以前就知道其他的目标设定法，那么你很可能会认为，目标设定法可以让你在最短时间内得到最了不起的结果。但是PRISM测验的目标不在于把你打点好、让你上场冲刺，而是为你打开一扇窗，以迎向更充实的生命。

在你用PRISM测验来检视自己的兴趣焦点时，务必时时记住"你是谁"。在过程中要花时间思考你自己的本质：你喜欢顺着感觉走，喜欢根据当下的身心状况来调整日常杂务吗？如果你是这种人，就不要设定那种需要时时刻刻保持工作状态才能达到的期限。假如你的预算有限，就不要背负债务。你在压力之下更有生产力吗？若是，你当然就可以尽量设定紧凑但合理的期限，向自己挑战。

PRISM测验

根据下列问题，写下你的回答。给自己充分时间思索。有人需要好几天，甚至几个星期的时间来完成必要的探索，不过，经过疑惑与思索之后所产生的确定感，将会使你觉得花在这份测验上的时间很值得。

PRISM测验题

- ☐ 代价：实践兴趣焦点，需要付出多少代价？
- ☐ 现实：假如从事了这项兴趣焦点，哪些事是每天必须做的？
- ☐ 完整：你为什么认为这个兴趣焦点值得投入？
- ☐ 明确：你能用明确的字眼定义自己的兴趣焦点吗？
- ☐ 可测量：你如何测量得知你在某个兴趣焦点上是否已经成功？你希望什么日期之前完成？你一天想花多少时间在这件事上？你想创造出多少成果？

内在意向帮你实践兴趣焦点

你可能没有真正做出承诺的经验，因此也从来没有学会用哪些基本技巧来保持毅力。我多年来协助别人建立兴趣焦点，发现了一个能让多面向发展人才更容易做出承诺的关键。

这个关键是：对于自己的意向保持诚实而实际的态度。首先你必须认识到一件在多面向发展人才生命中经常存在的事实：实践这种多面向发展的生活方式，将会有甘有苦。为自己找出全新方向确实带来了乐趣，你会像意大利文艺复兴时代的探险家一样，发现新世界、新视野，甚至因探险而致富。但是航向未知也可能为你开启了一道通往恐惧、不安、痛苦不断的门。

我的客户琳恩，是一位律己甚严而坚持不懈的发明家，但她难以信任他人。她害怕有人会盗用她的点子，以致她刚开始甚至不敢找一位导师来分享她的绘图，不敢向当地小企业中心的专家寻求建议。除非她变得比较能够信任他人，否则她的发明永远不会有问世的一天。

琼安是个才华横溢的水彩画家，她知道自己必须更脚踏实地才行。她住的小社区里，很多人多次拜托她收他们当学生，或者建议她在家里开设儿童美术班。然而她出身于大家庭，家人不认为绘画算什么“真正的工作”，一直期望她去当司机、服务生或家庭治疗师以帮助家计。琼安从小被教导成要取悦别人、服务别人，而把自己摆在最后的人。每当周围出现庞大压力要她点头时，她实在很难拒绝。这样一来她还有时间作画吗?

吉姆决定离开他经营得相当成功的建筑事业，成立一家新公司，协助小企业向数字化转型。他在面对激烈竞争的家族事业里打拼多年，深知何谓脚踏实地。但他说：“我从来没有自己创业，我父亲在我还帮不上他忙的时候完成这份艰难的创业大事。我对于‘新公司要花三年才能损益两平’这类经常听到的话很没耐心，但我也担心自己会放弃创业的想法，又回到大笔金钱流动和家族压力的环境，虽然我明知这样做是天大的错误！”

琳恩、琼安和吉姆都是勇敢的人。他们后来都没有选择安稳的做法，反而让自己处于不见得舒服的状态。他们的热情要求他们为自己找到资源，譬如对别人的信任、对自己的信心或是耐心。“意向”就在这个地方发挥了作用。你需要借由辨认自己内在的“意向”来帮助你投入自己的兴趣。找出你的心意之所趋，有助于你定出必要步骤，实践兴趣。

下页的表中列出数种可能的意向。浏览一遍这份清单，从中挑出两项你认为对于你的兴趣焦点相当重要，但你很难做到的意向。譬如你天生爱社交，但很难控制预算，那么你不必刻意变得“外向”，而是要专注于变得“节俭”。

我的客户杰森想赶在结婚四十周年纪念日之前，建造一艘白桦独木舟，带到缅因州旅行。他以下列方式详细说明自己的两个意向：

> 我有意变得更勇敢，能坦承自己对于建造这门学问所知不多，更不懂如何建造独木舟。我要变得更勇敢，才能做到我想用这个兴趣焦点达成的事。
>
> 我有意变得更有活力，让我能应付建造一艘独木舟在体力上的挑战。我要变得更有活力，才能做到我想用这个兴趣焦点达成的事。

卡萝一直很想召集一群女性共同制作布品，分送给癌症病房的儿童当圣诞礼物。但她一想到要接触她不认识的人就觉得讨厌。她还担心自己会使得布品塞爆她的房子。以下是她找出的个人意向：

> 我有意变得不害羞，敢开口找其他女性加入这项计划。我要变得不害羞，才能做到我想用这个兴趣焦点达成的事。
>
> 我有意变得更有条不紊，每周都整理好我所需要的材料。我要变得有条不紊，才能做到我想用这个兴趣焦点达成的事。

阿黛拉想在余暇开一间非营利性的税务咨询中心。她的意向如下：

> 我有意变得更善解人意，好让我回应大众对于税务的无知，以及在金钱管理训练方面的不足。我要变得更善解人意，才能做到我想用这个兴趣焦点达成的事。
>
> 我有意变得更用功，学习管理非营利机构所需要的一切知识。我

要变得更用功，才能做到我想用这个兴趣焦点达成的事。

现在轮到你来填写你的空格了：

我有意变得更＿＿＿＿＿＿＿，才能做到我想用这个兴趣焦点达成的事。

我有意变得更＿＿＿＿＿＿＿，才能做到我想用这个兴趣焦点达成的事。

我有意变得……		
言语有力	慷慨	精确
大胆	真诚	多产
勇敢	脚踏实地	可靠
乐于关心别人	诚实	有弹性
有重心	谦卑	聪明
自信	幽默	用功
愿意与人合作	充满想象力	有条不紊
有创意	轻松愉快	厚脸皮
奉献	老练	彻底
果断	不害羞	宽容
有纪律	开放	信任他人
节俭	有原创力	善解人意
有效率	条理分明	活泼
充满活力	外向	脆弱
善于变通	胆大妄为	乐意付出
专注	坚持不懈	

意向标记行为让“意向”化为实践

想把一个好的意向化为具体行动，你必须先知道哪些行为能让你判断自己已经走上对的路。这些可作为“意向标记”的行为，显示出你所遵循的是什么方向。这些意向标记行为本身不是目标的终点，可是，能做到这些行为会让你对于自己完成了一部分旅程感到自豪。你可以随自己意思选择你要的几项意向标记行为，只要你为每一项行为都设定了日期就行。

前述的杰森，他是这样的：

意向一：我有意变得更勇敢，能坦承自己对于建造这门学问所知不多，更不懂如何建造独木舟。我要变得更勇敢，才能做到我想用这个兴趣焦点达成的事。

意向标记行为：我每星期去看心理医生的时候，都将与他分享我对自己的观察，让他知道我发现自己是否愿意当一个新手，或者我会不会抗拒向别人求助。

意向标记行为：这个星期里，我会去高中报名下一期的初级木工夜间课程，就算班上同学的年纪都只有我的一半，我也会定时去上课。

意向二：我有意变得更有活力，让我能应付建造一艘独木舟在体力上的挑战。我要变得更有活力，才能做到我想用这个兴趣焦点达成的事。

意向标记行为：我这个星期开始就会健身，增强我上半身与大腿的肌力。我每次会运动至少一小时，每周四次，每天早上遛完狗就去运动。

写下了这么明确的意向标记行为，使得杰森集中心力让自己变得更勇敢而更有活力。这两项特质对他来说不容易做到，但他明白，如果他想赶上时间做出独木舟，他就必须砥砺自己做到这两项特质。

接下来是卡萝如何确立她的意向标记行为：

意向一：我有意变得更不害羞，敢开口找其他女性加入这项计划。我要变得不害羞，才能做到我想用这个兴趣焦点达成的事。

意向标记行为：我会在十天内找至少三个朋友开一次动脑大会，想出方法，让我能够向可能参加的编织者开口。

意向二：我有意变得更有条不紊，每周都整理好我所需要的材料。我要变得有条不紊，才能做到我想用这个兴趣焦点达成的事。

意向标记行为：我这个星期六与下星期六都会去跳蚤市场，找个便宜又有足够储物空间的柜子，用它来收纳我们的编织材料。我会在六个星期后的第一次编织聚会之前就把橱柜清洁完毕，并写上清楚的标志，我明天就会开始动手。

意向标记行为：我会雇用那个“编织工作坊”的派熙，请她为我工作两小时，帮我判断我们需要多少材料与毛线。我今天晚上会打电话给她，约定碰面时间。

阿黛拉的意向标记行为，更详尽而细密，也出现更多细节。这样做并无不妥，因为她喜欢一次实践一个热情。她在进行税务服务这个兴趣焦点时，不会同时应付其他的焦点。况且，她的税务服务中心是个较辛苦、需要长期进行的活动。

意向一：我有意变得更善解人意，好让我回应大众对于税务的无知，以及在金钱管理训练方面的不足。我要变得更善解人意，才能做到我想用这个兴趣焦点达成的事。

意向标记行为：下个星期六开始，我会每周读一本讨论管理众人金钱的商业书籍，事先了解缺乏相关知识的大众可能犯下哪些错误，又为什么会犯这些错。

意向标记行为：星期三之前，我会去报名参加我公司办的八周沟通技巧课程。

意向二：我有意变得更用功，学习管理非营利机构所需要的一切知识。我要变得更用功，才能做到我想用这个兴趣焦点达成的事。

意向标记行为：我会参加这个星期六的小企业管理研讨会。

意向标记行为：从下星期开始，我每个星期会至少花六个钟头阅读各种关于如何在国内设立非营利性组织的资料，连续五星期。

意向标记行为：从下星期开始，我会每星期找两名具备非营利组织工作经验的人，一起吃午饭。我会带录音机去录音，录下他们那些不会出现在书本上的见解。我会找到十个人来谈。

当你开始设想自己应该做出哪些意向标记行为的时候，请记得一句希腊古谚："认识你自己。"有些人会同时进行十几种意向标记行为，并因此感到兴奋，因为多重任务本来就会为他们带来活力，而目标本身的明确性和指日可待的特质，使得他们可以用有成就感的方式发泄精力。但是我知道，有很多人宁可限制标记行为的数目。所以你要先确定自己所设定的期限是合理的，要让自己有余裕按自己的节奏生活。你应该把各个期限错开，让自己有足够时间达成每一项标记行为。你也可以为每一个兴趣焦点赋予不同程度的密集度。有些标记行为可能需要较长的时期来执行，也有的只是小事，顺手就能完成。

你的意向与意向标记行为

请试着写下你的意向，并择定一项或几项足以标记你这个意向的行为。

意向一：我有意变得更________________________________，才能做到我想用这个兴趣焦点达成的事。

意向标记行为____
____
____

意向标记行为____
____
____

意向二：我有意变得更________________________________，才能做到我想用这个兴趣焦点达成的事。

意向标记行为____
____
____

意向标记行为____
____
____

进展不顺时多关注已经取得的成果

你务必记住：有些事完全超乎你的控制，但它们会影响到你是否能完成目标、你会何时完成，以及如何完成——这个道理很明显，但是你务必彻底认识到这项事实。疾病侵袭、家庭责任、组织崩溃、善变的大众未能为你的工作提供市场……这些突如其来的变故，使得你难以追求你的兴趣焦点。假如你不知道本章所提供的各种方法，用它们来衡量你所累积的成就，你可能会把那些无法克服的变故视为自己活该，谁叫你从小就是“样样通、样样松”的人，以为自己又做了错误的决定。但你其实只是运气不好。追求意向的这个过程，让你在非黑即白、非成功即失败的二分法世界观之外，还有别的选择，让你看见自己所做到的、较小型的成功。

通常，完成上述这套步骤之后，我的客户们都迫不及待要大展身手。但是他们还是会问：“我该如何挤出时间完成这么多的事？”下一章就来探讨这个问题。

第10章　高效的时间管理策略让你有效实践兴趣焦点

我承认，想到我自己是一个多面向发展人才，我既感到兴奋，也有些害怕。想到自己终于能够追求我生命里的热情，我满心欢喜，但又忍不住怀疑自己该如何实现全部的追求。

——崔西，25 岁

如果你喜欢跟着感觉走，回应你当下所感兴趣的事物，这表示严格的日程规划对你来说效用不大。你买了很炫的行事历，在电脑里安置了时髦的行事历，还有响铃和哨声提醒你在特定时间做某件事，但你就是很难遵照行事历按时办事。就算你恰到好处地安排了一整天的行程，却发现在你排定了要想几个做生意的点子的时段，偏偏遇到创造力低潮。由于你经常投入不熟悉的新领域，你可能会必须应付一些临时才得知期限的事件。譬如，你正在累积自己的版画作品，某次参观美术馆时你得知有一项竞赛，你想参加；问题是你得在两天内把作品拍成幻灯片，交给评审。这时你应该做哪一件事？依照预定计划清理工作室里的档案柜，还是投入一个想必一片混乱的活动，拼命工作赶在最后一刻完成幻灯片？我晓得你知道答案。

别把时间规划得太细，别把事情安排得太紧凑，以免你遇到了机会却无法掌握。不要以分钟或小时为单位来规划生活，而要以星期或月为单位，并且只列入真正对你重要的事物。你的时间策略，要能让你可以根据自己的精力和你想掌握的机会来进行，而不是同时追逐好多道天边彩虹。

本章将与各位分享我自己最喜欢的几项时间运用策略。它们很新鲜，很合乎逻辑，而且经过我的测试证明可行。只要实行几个星期，这些时间策略就会变得仿佛是你的天堂。不过，你在把这些策略运用到生活里的时候，要对自己有耐心，一次进行一个步骤，熟习每一个步骤之后再往下进行。别担心自己是不是“百分之百正确”，我可以打包票，多年经验告诉我，凡是多面向发展的人，最后都会照自己的做法来执行这些策略。

用兴趣焦点笔记记录下想做的活动

管理时间的第一步，是记录“兴趣焦点笔记”。把笔记分成几个单元，每一个兴趣焦点有一个专属单元。随着你针对每一个兴趣焦点累积了相关资讯、反复思考、多方阅读、与朋友脑力激荡、向前辈导师请益、实行意向标记行为……你会发现，自己针对每一个兴趣焦点都有许多想做的事。每想到一件事，就把它写在笔记里属于那个焦点的栏目里。我喜欢使用三孔活页档案夹，有人则使用活页笔记本，也有人不用纸本的笔记本，而用电脑记笔记。不必拘泥于形式，只要是你用得顺手的方式都行。但你一定要特别腾出一块空间，列出你想到的为了达成兴趣焦点而应读的书、应买的物件、应打的电话、该找的人。

此外，在这本笔记里面，你在几个兴趣焦点之外必须再标出一区，让你有块空间可列出其他的好玩、迷人、难以抗拒、有趣、值得投入的新兴趣。这样一来，你才不至于因为聚焦于某些项目，而觉得错过了其他机会。

每个星期拨一点时间检视笔记本的每一区块（我喜欢在星期日一大早做这件事），删掉那些已经完成的事项或者变得无关紧要的项目，留意那些你最需要在接下来一星期里关注的项目，把它们用“兴趣焦点活页备忘录”列出来。我会在下面提供一份活页录的范本，供你影印使用。

兴趣焦点活页备忘录

月　　日到　　月　　日　　活动项目

兴趣焦点一

____

____

兴趣焦点二

____

____

兴趣焦点三

____

____

兴趣焦点四

____

____

再谈一下第4章提到的理查。理查的四个焦点是：当个好父亲、学长笛、修东西、搜集农具。他使用活页式的笔记本记他的兴趣焦点活动，在每个星期天晚上检视笔记内容。某年圣诞节前三星期的一个星期天晚上，理查拿出兴趣焦点笔记本和一张新的活页纸，在活页纸上列出几个“好父亲”兴趣焦点下的活动：和儿子一起去买圣诞树、帮儿子包装礼物、安排假期里哪些日子可以招待其他小孩来家里玩、每晚花些时间与儿子一起阅读。在“学长笛”这个兴趣焦点之下，他列出的活动包括了参加亨德尔神剧“弥赛亚”的最后一次彩排、为下一堂课练习、修理乐谱架、录下公共电视网的本地长笛音乐家特别节目。既然12月并不是搜集农具的最佳时机，他只在“搜集农具”这个兴趣焦点下列了：进入某个拍卖仓库的传单邮寄名单里、在他最喜欢的春季跳蚤市场附近用“早安折扣”预订一家汽车旅馆的房间。由于他的第一个兴趣焦点在一个星期里就有四件事待办，他在“修东西”这个兴趣焦点之下只写了一项：挑一个晚上看《老房子》（*This Old House*）这个谈房屋修缮的节目。

运用兴趣焦点时段来制作行事历

填妥活页备忘录之后，就可以安排行事历了。以“星期”为单位的行事历通常是最好用的格式。看着你的活页备忘录，留意哪些事只能在特定时段进行，譬如你的写作班每周三早上9点到11点半聚会，你就得在行事历上空出这段时间。

这听起来就像所有那些你尝试过的时间管理方法——“列出应做事项，挑出必须在本周内完成的事项，写在行事历上，然后执行”。不过呢，多面向发展人才的时间管理方法有一个与其他时间管理法不同的重大特点：你的活页备忘录上记下的许多事项，都可以不限定在哪个特定时段进行，但这些事项并不是在任何时间进行的结果都一样好。所以，切记，多面向发展人才唯有顺着自己活力的起伏来做事，才能发挥得淋漓尽致。有时候我们可以拿起电话，打几个只为了联系感情才打的电话，因此感到愉快；有时候我们独坐在电脑前几个小时也感到心满意足。当我们有孤独写作的心情时，就没有办法好好找人叙旧；充满社交活力的时刻，很难强迫自己坐下来写任何东西。

典型的时间管理法要求你把某个日期的特定时段设定为特定活动，这种方式理论上看起来不错，但你通常没办法做完该做的事。这会让你觉得自己散漫、欠缺纪律，心底悄悄浮出一个熟悉的声音：你没那个能耐。

为了让这个声音闭嘴，我建议你用我称为“兴趣焦点时段”的方式来标记你的行事历。这些时段，是你为自己的兴趣焦点特别腾出来的时段，但是你在这时段不必预先排定该做哪件你记在活页备忘录上的事项。在你的每周兴趣时段当中，有些时段的时数很长，有些则较短。举例来说，理查把12月11日星期四晚上9点到10点空出来，当作他的热情时段。9点一到，他看着自己的活页备忘录，发现自己还没有练习亨德尔神剧“弥赛亚”的练习，还没有看他在周二录下的《老房子》，也还没有修理乐谱架。他花了点时间挣扎：这三项活动的哪一项最吸引他？他不勉强自己做出效果不佳的尝试，也不逃避。预先设定的活动并不适合他当下的状态。相反地，他检视少数几个可以控制的选项，然后高高兴兴跟着感觉走。而且他知道，不管他选择做什么，都跟他的某一项兴趣焦点有直接关联。这种开心的感觉增强了他的信心，让他更有能量。

我刚开始采用这个“兴趣焦点时段”做法时，常会有人找我去做别的事，譬如共进午餐、帮忙照顾小孩之类的。一开始，我很快就会放弃我为自己保留的这些热情时段，因为我没有真心投入自己的热情。这使我很气馁。后来，我为了保有这段时间，我对大家说抱歉我没空，借口说（他们想要约我的那个时间）我约了要看牙医。于是朋友及同事们不再要求我为了他们放弃“空当”。我会在行事历上写上“约定”或“承诺”，以此提醒自己：遇到外来打扰时要坚定立场。

如果有朋友想找你共进晚餐，但你最近的社交活动够多了，不妨向朋友说你已经有约。如果你真的很想见这位朋友，那就重新规划时间。你可以把这个三小时的热情时段改排到本星期其他时间吗？如果做不到，那就向朋友道歉，说你没办法。如果这位朋友从外地来，而且对你来说是重要得不得了的人，当然你就得取消其他“约定”，前去赴约。然后你在接下来的几周要额外拨出一个时段，好弥补这次推迟的进度。

平衡的时间运用法

“兴趣焦点笔记”和“兴趣焦点时段”的功效绝佳，原因之一在于这两个方法能帮助你取得平衡。譬如理查在12月的某一星期，在“好父亲”这个兴趣焦点上所投入的心力比“修东西”多，但这不成问题，因为“兴趣焦点笔记”帮助他追踪了他各项兴趣焦点的各个构想是否得到了实践。

还有个方式可确保你不会把时间只花在某个焦点上，而忽略了其他焦点：为每个兴趣焦点选一种颜色，然后用颜色相近的荧光笔，标出行事历上所完成的兴趣焦点活动。你浏览行事历，就会注意到某个颜色较常出现，或者某个颜色几乎没有出现。

像你这样具备多种兴趣的人，一定懂小说家鲍德温（Faith Baldwin）说的话：“时间是一个擅长修改的裁缝师。”因此，经常回头审视、经常修改时段，是正常无比的状况，尤其是在刚开始摸索这个兴趣焦点的时期。这套时间管理系统本身具有弹性，但它不失为一种可以组织时间的实用方法。按照这个方法从事兴趣焦点会令你心安，好过你因为不知如何面对十几种向你招手的好玩事物而觉得焦躁。

在此提醒一句：开始进行这套时间管理方法时，这个“兴趣焦点时段”可能感觉上像空暇，这是因为你所从事的绘画、歌唱或脑力激荡都还纯属乐趣，不带压力。然而一旦你更深地涉入这些活动之后，你会发现它们不会只带来愉快与放松，你苦于难以精通某种很难的技能，或者必须打一些无聊电话，譬如去问某个商场有没有机会给你的乐团表演。因此，你绝对不可以把你从事兴趣焦点的时间当作“停机时间”。你的生活里一定要另外有足够的时间让你彻底放松或者闲晃。如果必要，就在行事历上拨出这种停机时间。

“两者通吃法”让你更高效地利用时间

当我对客户提出这几种管理时间的方法后，我看到他们由于理解其中价值而眼睛发亮，身体放松下来。但他们接着会问我：“我在安排时间投入自己的兴趣焦点之前，难道不应该先算出自己需要多少时间完成其他责任吗？”毕竟他们都过着忙碌的生活，许多人很想算出他们需要多少时间完成责任，再安排剩下的时间。

但我从经验知道，这种计算方式不会管用。这是因为，你给这些任务多少时间，它们就会占满这些时间。如果你说“我这个周末要打扫房子”，那么你就会花星期六与星期天打扫，却还是没能完成（说不定会把房子搞得更乱，因为你把橱柜里所有的储存箱都拉出来，还清出一大堆可回收使用的物品）。到了星期天晚上，你已经没有“剩余”时间做你感兴趣的焦点活动了。然而，若要你换一种做法，譬如为生活中的每件大小事务都先排定顺序，以避免这类杂务泛滥，这种做法听起来就没有吸引力，实际上也难以实行。

有鉴于上述现实状况，我设计出一种技巧，帮助你判断把多少时间放在焦点活动上是有意义又可行的。我称之为“两者通吃法”。这种技巧，需要把其他客户的做法整个颠倒过来——不要把你的兴趣焦点“塞进”你那些会不断扩大的杂务里面，首先应该找出自己“想”投注多少时间在兴趣焦点上，再看你还剩多少时间可处理其他生活事务，然后再把这两者加以平衡。这样做之后，你会知道自己拨出了足够时间从事兴趣焦点，使你觉得这样做是有意义的，而你给它的时间又不至于太多，导致生活中其他层面变得无法管理。

接下来我要让你看两位多面向发展人才如何学会这个方法。爱莉是一位做什么事都会入迷的女性，她先做的是思考自己想花多少时间在每个兴趣焦点上，接着她列出以下这份很有野心的清单：

兴趣焦点一“刺绣”：一周7小时左右

兴趣焦点二“协助发展迟缓的青少年”：一周20小时左右

兴趣焦点三“在大学电台主持爵士乐节目”：一周20小时左右

兴趣焦点四“参加高阶游泳队训练”：一周10小时左右

然后她得评估这些时数是否合乎实际。她先写下每周全部时数（168小时），然后计算自己平均每周需要多少睡眠时间（她每晚睡8小时，总睡眠时数是56小时）、自己需要多少时间上班，包括通勤时间（以她的例子来说是50小时）。虽然爱莉希望最终可以换一份工作，但她先用现在的生活情况来计算（如果你是学生，就把工作时数换成读书与上课时数，或加入打工时数）。爱莉把每周总时数（168小时）扣掉睡眠与工作的总时数（106小时）之后，剩下62小时可以支配。

现在，她检视自己的兴趣焦点时数。她把她想放在四项兴趣焦点的所有时数加总，得到的数字是57小时。但是她只有62小时可以支配；这表示她只剩5小时做生活中其他的事！5个小时不够她打扫房子、准备三餐、与家人朋友共聚、处理杂务或享受其他小事呀。

爱莉该怎么办？她重新评估她的“两者通吃时数”。她可以把刺绣减为每周4小时，但其他项目的时数无法降低，因为发展迟缓少年机构、电台和高阶游泳队都对参加者设有每周最低时数的要求。因此爱莉决定，她只在暑假从事青少年服务工作，因为暑假里很多机构会需要额外的志愿者以补足休假员工的工作。然后她只在学期里主持电台节目，学校在学期里最需要电台DJ。游泳队的时数则保持不变。

她重新规划如下：

每周总时数：168

睡眠时间（8×7）：(−) 56

剩余时数：112

目前工作时数，包括通勤时间：(−) 50

剩余时数：62

预估的“两者通吃时数”（4+10+20）：(−) 34

剩余时数：28（一天4小时！）

现在，她每一天有4小时可用在“其余事物”上，这样看起来不是可行得多吗？在某几个星期，她可支配的28小时剩余时间够她在周末大扫除；有些时候，与朋友游乐会占去较多时间。但无论她在这28小时的“其他时候”做什么，她每星期都会有34小时拨给兴趣焦点。用这种方式重新分配时间，爱莉就可以两者通吃——既从事她感兴趣的事物，又兼顾生活。

爱莉刚开始估算兴趣焦点的时数时，太过一厢情愿；而我们也可能在其他方面犯错。譬如这位年轻的朋友卡尔，他最初写下的“两者通吃时数”如下：

兴趣焦点一“整理我的作品集”：3 小时

兴趣焦点二“参与州长竞选活动”：9 小时

兴趣焦点三“提升网球水准”：6 小时

兴趣焦点四“参加国际商业会议”：5 小时

现在卡尔要看看这些数字，是不是能留给他足够的时间从事其他爱好：

每周总时数：168

睡眠时间：(−) 49

剩余时数：119

目前工作时数，包括通勤时间：(−) 27

剩余时数：92

目前预估“两者通吃时数”(3+9+6+5)：(−) 23

剩余时数：69

你的“两者通吃法”备忘录

我建议你用铅笔来完成这份备忘录，以便在需要的时候调整数字。

首先，列出你的兴趣焦点名称，估算每个兴趣焦点需要多少时数才能兼顾目标与管理。

兴趣焦点一________________ 每周时数：________

兴趣焦点二________________ 每周时数：________

兴趣焦点三________________ 每周时数：________

兴趣焦点四　　　　　　　　　　　　每周时数：

兴趣焦点五　　　　　　　　　　　　每周时数：

两者通吃总时数：

接着，填妥以下空格，依照减号扣除时数。

每周总时数		168
睡眠时间	(－)	____
剩余时数		____
目前工作时数，包含通勤时间	(－)	____
剩余时数		____
目前预估兼顾目标与管理的时数	(－)	____
剩余时数		____

一周有69小时的额外时间，卡尔多的是闲暇。他或许会想重新评估他留给兴趣焦点活动的时数。他大可在参与州长竞选活动上多做些贡献（因此能多得到注意），把志愿服务时数增加为三倍，并根据他的心情与精力，或者根据某星期的股市表现，多打一个早上的网球、多参加一场晚间商业会议、多在财经事务上花几个小时。他调整了兴趣焦点时数之后，每周仍然剩下48小时，这个数字就很合理了。卡尔知道他每天有将近7小时的时间可用来处理其他的需求与责任，而且他有信心自己能够专注于他的兴趣焦点。

你也可以为自己设定你放在兴趣焦点上的“两者通吃时数”。

算出了你每周剩下多少小时吗？你用这些剩余时间来完成你生活中所有事务及兴趣焦点之外的活动，时间刚好吗？如果是太多或太少，就回到第一步，重新估计你的兴趣焦点时数，直到你找到一个可以达到平衡的数字。

五个诀窍让你免于被其他事物打扰

你拨出时间给兴趣焦点之后，发现还是很难下定决心来好好做这些预计该做的事。若你在家工作，或者你所从事的兴趣焦点需要较高的自我掌控力，则你更容易发现自己难以定下来。以下是几个避免分心的诀窍。

有个故事生动地描述了你在列出“待办事项”之前，为什么要把兴趣焦点纳入优先考虑：

一名教授带着一只玻璃罐走进教室。罐里有四颗美丽的石块。他把玻璃罐举起，让学生看，然后问：“这玻璃罐是满的吗？”学生回答：“是满的。”学生们不明白教授为何问出答案这么明显的问题。接着教授打开一个他带进教室的袋子，把袋里的碎石倒进罐里。碎石塞满罐里所有空隙之后，教授问：“现在罐子是满的吗？”学生感觉到这是个陷阱题，于是沉默不语。教授再打开另一个袋子，把袋里的沙子倒进装有四颗石块与许多碎石的罐里。沙子流过大石头与碎石，他又问：“现在罐子是满的吗？”有几个学生看着塞得满满的罐子，而且看到教授没有其他袋子了，于是点头。然后教授离开了教室。学生们一头雾水。几分钟后教授带着装满水的水壶回来，把水倒进罐子里。学生们看着沙子吸饱水分。这时教授回到他要讲的优先次序的观念：“如果先把碎石、沙子与水倒进罐子，罐里还有没有空间放石块？”

你的“两者通吃时数”，就是这故事里的石块，你要先把它们装进你的生活之罐里。我向你保证，打扫房子（碎石）、处理杂务（沙子）和保养草地（水）等事务，仍然会在你的生活里找到时间。

一、“地点，地点，地点！”法则

我刚开始为事业做研究的时候，落入了一种模式，你可能也认得：我从书桌旁的书架上挑了一本书，走向客厅里舒适的阅读专用椅。然而我半途瞥见电脑，心想：“也许我应该检查一下电子邮件，很快查一下就好，搞不好某个参考期刊书目已经寄来了。”就在等待电脑开机的时候，我想到一个提升“效率”的好主意，那就是在读电子邮件的同时清洗东西。于是我走到厨房，收拢几块抹布；我看到厨房的花瓶里有几朵花已经凋谢了。因此我到外面的花园摘些新鲜花朵……就这样，我拨给我的兴趣焦点活动“阅读”的时间不知不觉流逝了。

我找到一个办法拯救了我：改变地点。我发现一位朋友下午时间会待在工作室里，于是我在下午去她的卧室读书。我在别人的房子里，总不能替她接电话、四处翻找待洗衣物或者替她决定花瓶是不是该重新布置吧？

“为什么不干脆去图书馆？”当我告诉嫂嫂我这项安排时，她这么问我。为什么不去图书馆？因为对喜欢多种事物的人来说，图书馆像一座糖果店，把这种人送到图书馆，他们会更分心！所以，如果我出于某种理由无法在朋友家好好阅读，或者没有时间往返朋友家，我就在家里制造相同的效果：我把椅子转向一个角落，让我自己和那个角落之间不存在任何会使我分心的事物——这时候要运用下一个“不行！不行！不行”法则。

二、“不行！不行！不行”法则

这项法则在你前往理想地点的途中，以及在你抵达理想地点之后，都很管用。譬如你正要走出房子去朋友家，准备你的房地产经纪人执业资格考试。你走出门，看到一把雪锹没放回仓库里。你当然想把它物归原位。然后你看到仓库里的东西，想知道教会哪一天举行旧货拍卖。于是你想说，在上车之前“很快地”回屋子一趟，“只是”去确认拍卖日期。同理，如果你在家工作，你很可能在听到信件送来的声音时想“偷看一下”，在电话答录机启动时拼命偷听。如果你对于这些行为模式不陌生，你就会想使用这项“不行！不行！不行”法则。不管何时，只要你发现自己在兴趣焦点时间里做别的事，你都必须停止。绝不放行，绝不向任何诱惑投降。你要养成习惯，一发现自己分了心，就停下来说“不行！不行！不行”，而且要大声对自己说出来。这样才能做足你该做的事。

三、“绝无例外”法则

上述两法则有助于你抵挡眼前的分心事物，但你可能还需要更有力的工具来帮助你长期维持你对目标的承诺。任何一段旅程里，都有令人兴奋的时刻和缓慢而难挨的阶段。对于多面向发展人才来说，他们最感兴趣的是崭新的、与众不同的事物，所以那些缓慢阶段可能会变得迂回难行。举例来说，我一开始要做的是写小说，然而在我毫无灵感时，我很难继续写，尤其是如果我突然动念想从事园艺。也许我能用“不行！不行！不行”法则让我在坐下来写作之后抵挡接电话的诱惑，但“绝无例外”法则可以让我周复一周持续动笔。

这个“绝无例外”法则，出自哲学家威廉·詹姆斯（William James）的著作。詹姆斯为那些认真承诺想改变的人发展出一套三方策略。第一个方向是：立即做出改变；第二个方向是：以炫耀夸张的方式做出改变；第三个方向是：绝不接受例外。我第一次读到第三个方向时，非常生气。我和我的许多客户一样，一直在避开这种二选一的思考方式。“如果不能每天、每周、每年，直到永远都这样做，你就做不到！”这句话多么戕害多面向发展人才啊!

但是我再深入思索，明白了詹姆斯的建议是为了让我们用一种务实的方式重新面对我们的目标，让我们知道唯有“绝不接受例外”才能达到目标。譬如，我坚信每天唯一必须做的事是呼吸。因此，如果我为了实践我的多重兴趣焦点之一，我设定自己每天必须写出一个场景，那么我几乎不可能持续遵守“绝无例外”法则。然而，如果我把最低写作量设定为每周完成四个时段，我就可以更加认真执行“绝无例外”法则，以达到每周最低要求。当然啦，遇到了生病上医院或家人死亡这类大事件，就不适合采用“绝无例外”法则。但在正常情况下，我发现自己有足够的弹性和决心，撑过了几个月的“绝无例外”状况。当我预知周末会很忙，我就会尽早完成本周“必要”的四个写作时段。然而，我真正获得的回报是，我由于自己能够持续执行自己的决定而引以自豪，这样的成就感帮助我走过颠簸路段，而我的灵魂以前在走上这种路段的时候总不免会偏斜歪倒。在你持续遵守“绝无例外”法则达到十一周、十三周或十七周后，你会越来越有动力持续你的决心。

四、在一个方向上多工处理

多面向发展人才很擅长同时处理多种工作，这种天赋让我们得以成就许多事。但我得声明，这样的天赋绝对不能在兴趣焦点时段发挥。写诗时间不可以洗衣服；设计暗房时不可以检查电子邮件。但兴趣焦点活动可以与其他活动同时进行。譬如你要开三个钟头的车才能到达朋友家，你在路上当然可以听西班牙语录音带（如果学习西语是你的兴趣焦点）；如果你带着邻居的小孩到图书馆参加说故事时间，大可利用这段时间在图书馆选借西语教学录音带。“多工处理”只能用在一个方向上，反过来就不行了。

五、奖励多面向发展人才

连续十周都遵守了“绝无例外”法则，然后你为自己买一套DVD奖励自己；你鼓起勇气打了一通不容易的电话之后，让自己去公园散步当作奖励。奖励，可以强化你的新生活方案，特别是这个新生活方案与我们过去所认定的“正确”生命迥然不同。以我来说，我喜欢每天临睡前，在行事历上确认至少一项当天做过的正面行动，然后贴一张可爱的贴纸在前面，以此奖励自己。

此外，在“待办事项清单”上把已完成的事项删掉，也是一种奖励。如果你照着本章提供的“兴趣焦点活页备忘录”进行，你会体验到每周从备忘录上删去已完成项目的那种满足感。不仅是多面向发展人才有这种清单，很多人也都有这种待办事项表。对于多面向发展人才来说，有个好玩的方式可以增强这种清单的作用：除了写下一些平凡无味的活动之外，你可以在清单上添加“冒个小险”“向他人求助”“一旦分心时，要像念咒语一样念诵‘不行！不行！不行’”这类项目。你会知道，一天过去，晚上你就可以在清单上删掉这些有益的新行为，这会大大有助于你加速把这些行为养成习惯。

偶尔享受下“想做什么就去做”的从容

你是不是经常想到效率问题？每天要完成好几件事？你经常想着如何才能做更多的事？本章帮助你管理时间，若你想多多享受几种不同的体验，就要重新思考自己对时间的态度。

“时间就是金钱”，这种态度深入语言之中：时间是金钱，所以时间是可以管理、花费或保留的事物。但真的是这样吗？赖德（Richard Leider）与夏派罗（David Shapiro）在共同著作《重整行囊》（*Repacking Your Bags*）一书里，把常用的沙漏比喻做了一点改变。他们问：为什么我们总是想象自己活在沙漏的上半部，也就是时间不断流逝的一方？为什么我们不想象自己生活在沙漏的下半部？在下半部，每一分钟过去，又有新的一分钟来临；每一小时过去，有另一小时来临；每一天都是往后许多日子的头一天……从沙漏的底部来看，我们可充分享受钢琴课、陪孩子打篮球、拜访亲戚等各式各样的活动，不必担心“浪费”时间或“损失”时间。

最近我参加一个会议，主讲者在会议上讲了一个故事：一名脑外科医生正在进行紧急手术，进入关键阶段，他只有三分钟时间抢救病患的大部分认知功能。这位医生手忙脚乱地向同在手术室里的同事下达指令。这时院中最杰出的外科医生走近他。这位受人尊敬的医生吐出缓慢而清晰的一句说：“摩根医生，你还有三分钟，最好慢慢来。”哇，多么睿智的观点啊。在重新设计人生蓝图的时候，应该随时把这个观点谨记在心。

我发现，只要我觉得时间充裕，就会觉得自己与众不同，比较慷慨，更自动自发，心怀善意，对新观念与新经验抱持开放态度。假如我那一天完成的事项较少，我便把“采用沙漏底部观点，从容面对时间”放进我的待办清单上，如此一来这也算是我能在行事历上删去的又一项完成事件。我确实不会遇到每一件“有趣”的事都去做，譬如不是每一场评价不错的电影我都去看，不像过去那样听到什么有趣的事都想加入，我也不那么常打扫房子了。但我确实拥有了时间，确实可以多花时间聊一通意料外的电话，或者散步到山丘上。我的每日应做事项清单上，是真的列出了“随兴做一件事”和“今天要对时间放轻松”这类项目。我很欣赏女高音普莱斯（Leontyne Price）的真知灼见，她说，成功的终极象征是享有一种有时间想做什么就做什么的奢侈。

为日常“待办事项”加入新意

- □问自己，我那位前辈导师遇到了与我相同的状况时会怎么做？
- □改变地点，以加强专心程度。
- □在必要的时候复诵“不行！不行！不行”。
- □表扬自己为了遵守“绝无例外”法则所做的努力。
- □冒个风险。
- □寻求协助。
- □随兴做一件事。
- □用从容的态度感受时间。

第11章　实践兴趣焦点不可避免的四大障碍

我已经准备了兴趣焦点笔记本，也拨出了兴趣焦点时段——我超爱做这些准备工作！但我还应该思考哪些事呢？我想，预先得到警告也算准备活动的一部分吧。我不想失去这股新生的动力。

——杰森，23岁

大自然不喜欢直线，多面向发展人才也不喜欢直线。在付诸行动之前，你要先设想，如果道路急转弯，事情未能照你的预期发展，你该怎么办？孔子说过："譬如为山，未成一篑；止，吾止也！譬如平地，虽覆一篑；进，吾往也！"意思是说，只要你不停止脚步，就不担心前进缓慢。这就是为什么你必须先认出哪些事物可能是路障，免得中途遇上障碍，被弹出了路外。

当你在实行兴趣焦点的时候，遇到麻烦，觉得横遭阻碍，动弹不得，你可以怎么做？你可以回想曾经有哪些方法对你管用，然后把这些方法拿出来运用。譬如我的一名客户知道，他在上班写提案不顺利的时候，只要离开办公室，用冷水洗脸，再重新聚焦，就行了。于是，当他在家里做他感兴趣的事情，为自宅扩建的部分设计各种细节遇到了瓶颈时，他决定用同样方法来解决。他带着微笑说：“我一想到‘不行！不行！不行’法则就去拿毛巾洗脸。”另一名客户从经验得知，如有必要她可以依靠朋友解决问题。因此，当她得为自己的首次艺术展找到合适装扮时，她便再次用这方法，向朋友借穿较优雅的服装。另一名客户把写回忆录当作兴趣焦点，他在安装新打印机时不得要领，于是干脆坐进一张舒适的椅子里，聆听祥和的音乐让自己冷静下来，再去研究操作手册。

人各有异，要紧的是你要知道哪些方式对你管用，把它们列出来。这些方法无所谓对错，重要的是事先写好解决之道，拟出一套可以随时派上用场的步骤。

你可以考虑采用以下方法，这些是我的客户用来维持动力的方法：

* 你感到挫折、想要放弃的时候，想一想如果一个小孩面对同样情况，你会对这孩子说什么。
* 如果进行中的事让你精神紧绷，而你是单独一人，不妨在思考问题的时候做些滑稽的动作。笑声也是疏解压力的一帖良药。
* 如果你对某一通重要电话太过紧张，那么就假装自己是别人来拨打这通电话的。
* 播放活泼的音乐来激发活力。播放祥和的音乐来抚平恐惧。
* 回想某一个期望你放弃的人，你就要证明对方是错的。
* 在你准备处理困难事物的地方，选定一小块区域，把它整理得井井有条。
* 如果你在压力之下表现得最好，就设定一个期限，让自己在期限之后去看场电影或做其他活动。
* 如果你担心在创作时犯错，因而一再拖延，请提醒自己，阿米什人（Amish）会刻意在每一个针织作品上犯一个错，借此彰显“人皆不完美”此一事实。

障碍一：经常面临单打独斗

你辨识出自己的兴趣焦点，也找出时间管理方法了，但你偶尔会感到喘不过气来。可能是你的兴趣焦点开展得比你的预期更快，或者你在某段时间里得同时应付多个重要的期限。也可能是你的同事生病请假，使得你工作时间增加，但你已经答应你家小孩你会去参加他的一个重要的下午活动，以实践你“好家长”的兴趣焦点。在这样的时候，你需要外界的支援。我不知道进行过多少次以下这种对话：

我：请问，你的伴侣/双亲/同事支持你想达到的目标吗？

对方：当然了！

我：他/她会愿意帮你解决这个问题吗？

对方：噢，我问过了，不可能的。我最好还是自己设法解决。

我们都有过这种感觉：那些嘴上说“支持”我们的人只是光说不练，不是未能伸出援手，就是帮倒忙，或者帮过忙后扬扬得意，或者只帮一次忙就不肯再伸出援手。曾经有段时间，我听到别人为这个问题哀叹时，我以为这就是人生的一种现实。但我往下问更多问题之后发现，这样的抱怨不尽然是事实。有时候问题出在我们自己寻找支援、回应协助的方式，使得我们接受到负面的帮助。

为了克服这类的动力障碍，我设计了“魔镜，魔镜”练习。这个练习，要帮助你面对那些不管用的求助法，借此提升你找到合适协助的概率。这项练习不会施展魔法，把你求助的每个对象都变成好人好事楷模，但我与客户做这项练习时，他们脸上经常出现“原来如此”的表情，他们还分享了以下心情：

* “你知道吗，我现在回想，当我要求十来岁的儿子帮忙洗衣服时，我就正在做我最讨厌的上司对我做的事：彻底检查他做的每一个细节，确认他按照我的方式进行了。我一副折毛巾、把男孩衬衫挂在晾衣绳上都只有一种正确方法的样子。”

* “我上司因为个人理由必须溜出办公室，但她一副我完全不懂如何处理贷款的样子。她写了一份详细到不行的工作流程备忘，让我觉得被侮辱。我都从研究所毕业两年了，她还以为我是懵懵懂懂的菜鸟吗？她这样做，我以后当然不会愿意为她掩护。我在扶轮社担任足球推广委员会主席，但我不会对委员会的人做出这种事吗？如果我在向他们描述我们的宠物计划工作内容时，也认为他们有大脑能思考，我敢说我一定可以获得更多协助。”

* “我有两个姐妹，都是忙碌的职业妇女。她们常打电话向我求救，要我帮忙分担责任。我一直到做了这项练习才明白，我经常同意帮她们其中一人的忙，却不帮另一个。你知道她们的不同之处是什么吗？其中一人在要求帮忙时，总是用那种牢骚满腹的声调，听起来很刺耳。这项练习点醒了我，我觉得分身乏术需要丈夫帮忙的时候，我正是用这种声调要求他帮忙！下次我一定要留心这一点。”

* “这个‘魔镜，魔镜’练习要我想一想我不愿帮谁的忙，我马上想到我的合伙人珍恩。她聪明得不得了，我很高兴她想加入我的新事业。但她经常得立刻放下工作，回去照顾年迈的母亲。刚开始我愿意帮她代班，但是你知道吗？现在她好像把我的帮忙视为理所当然，连一声谢谢都懒得说。想到珍恩，让我对我们另一位合伙人齐普有更多认识。齐普十分外向，所以我总以为他不介意负责处理所有对外联络活动，这些活动对我们的生意很重要。我顺理成章地把这部分工作

交给他，而且从来没有向他道谢！或许这就是为什么他最近不太理我的原因。我真的应该好好谢谢他。”

接下来就请你花几分钟做这个“魔镜，魔镜”练习，看你会想到什么。

魔镜，魔镜

想出几个你曾经拒绝帮忙的对象（上司、朋友、亲戚等）：

1.________________________

2.________________________

3.________________________

你为什么不帮他忙？

A.他们开口要求帮忙的方式

1.从不开口

2.不直接要求，拐弯抹角

3.用发牢骚的音调开口

4.太常要求帮忙

5.认定我一定会答应

B.他们如何说明自己需要的支援？

1.太笼统

2.太烦琐

3.完全不交代内容

4.未提出让人愿意帮忙的动机

5.指示的做法完全不可能做到

C.他们的期望？

1.标准太高

2.完成期限不切实际

3.认为他们的做法是唯一正确的做法

D.他们有没有预设立场？

1.认为你懂得很多

2.认为你懂得很少

3.认为你愿意免费工作

4.认为你要索费才愿意帮忙

5.认为你反正没别的事做

E.他们的回应？

1.没有回应

2.只有负面回应

根据上述的回答，写下你希望如何做到让别人愿意协助你：

____

____

____

向谁寻求帮助能获得你想要的结果

当你无法单打独斗时，向谁请求协助是个重要考量。许多人很容易只找少数几个可靠对象帮忙，因为这些人不管如何都还是会爱我们的。有人把这个求助圈缩得很小，觉得只能向家人开口。另一个特别常在事业上出现的错误，则是只在自己的部门或工作小组里求助，或者以为必须在自己也能够提供相同协助时，才能开口要求别人帮忙。

我并不是说你一定会比别人更需要帮忙。但我们之所以会受到新兴趣吸引，原因正在于我们还不完全知道如何从事这项新活动。因此我们比大部分的人更需要各种协助。

有鉴于此，若你指望依赖一两个人就为你提供你可能需要的各种协助，这是不切实际的想法。身兼作家与讲师身份的退休心理学教授赛门博士（Sidney Simon），建议创意丰富的人要思考不同形式的支援，以及能够提供必要资源的各种人。在还没遇到困境之前就先找出日后的协助，也是在你稍感力不从心时的一项好用策略。

我从赛门博士的著作《脱困而出》（*Getting Unstuck*）中撷取了一项思考工具。当你开始把一种新的兴趣焦点融入生活里，不妨先设想你可能会需要哪些类别的协助，然后在每一个类别之下各想出三个可能提供协助的人。（每一个人其实可以提供不止一种协助，但此处的重点在于不要过度依赖某一个人，以致有一天把对方惹毛。）接着，你根据每一个人所能够提供的协助，标出第一、第二和第三名。日后你当真需要的时候，打电话给第一名人选，把其他两名当作备选或只是让其分担一点。（赛门博士认为，如果你想不出三个名字，那就是你把标准设得太高了！）每当我发现自己有整套新需求的时候，我喜欢打出求助对象清单，然后贴在显而易见的地方。

以下是一些常见的协助类别。不过你大可加入自己的类别。

* 谁愿意分享他的专业技能？（“你能不能帮我看看这份合约？”）
* 我能够信任哪些人，会给我提供情感上的支持或友善的协助？（“你能不能在星期五我必须参加重要面试之前打个电话给我？”）
* 谁能帮我照顾孩子或长辈？（“我临时得开一个会，你能帮我带小孩吗？”）

* 谁能帮忙看房子，照顾宠物、植物和庭院？（“你能不能在我周末参加研讨会时帮我收邮件？”）

* 谁能提供电脑／科技上的协助？（“你能不能教我用这个资料库程序？”）

* 谁知道如何修饰我的形象？（“你能不能帮我挑选适合我穿去参加这次会议的服装？”）

* 谁可以与我做伴去参加活动？（“你要不要和我一起，每周去田径场慢跑两次？”）

使用这项策略的客户，常会回来对我诉说他们的成功体会，而史蒂芬的故事总让我在回想时觉得温暖。史蒂芬博士82岁了，是我的客户里年纪最长的一位。他已经没办法再驾驶汽车，也听不清楚电话，搭飞机的时候需要有人陪，而且在家里伸手够不到头顶上的橱柜。这位多面向发展人才不想让这些障碍阻挡他的去路，却也不希望老是麻烦别人。我建议他列出一张求助对象清单。隔了一周，他眨眨眼睛问我：“你知道我最喜欢的是哪一点吗？这样做，不仅能帮我开口求助，也能帮助别人答应我的求助。”

见我似乎没听懂，他详述了他的经历：

现在，如果我打电话给开车载我去看医生的三名候选人当中的第一名，我会让对方知道不必勉强答应，因为我还有另外两个人可以找。如果我已经打电话到第三名人选，我会说：“珍妮，我知道你很忙，但是我打电话请你帮忙之前，已经问过克拉克太太和艾略特太太。”这样一来珍妮便知道，我并不是假设她一定会有时间，或者我认为如果她现在点头，以后就每一次都得载我去看诊。你知道我这个星期里找到帮手做了多少事吗？几个教会朋友要扫描我的照片，放到我们谈了一阵子的网络专栏；我侄子开车载我去人类学博物馆拿一份我需要的研究文件；邻居帮我把猫送去兽医院；一个帮我们割草坪的大学生，来我们家帮我把厨房隔架放低。我甚至鼓起勇气，拜托老年活动中心的一名志愿者帮我找克拉克聋人学校谈，为我找一个比较好用的电话。老实说，我一直在逃避为专栏写采访稿，因为我听电话很吃力。这星期我得到了五个人帮忙，而我已经为下个星期想到了更多求助的点子。

如果你遇到了障碍，无法应付所有层面，这时外界的协助会让事情变得截然不同。预先想好你应该如何求助、向谁求助，会让你更可能得到你想要的结果。

障碍二：太过追求完美

走在这条追求多种兴趣的路上，有句老话绊住了很多人：如果这件事值得做，也就值得我们把它做对。当然，这句真言的陷阱在于“对”这个字。这个字会导致完美主义的倾向，以为任何不够完美的事物都是“错”的。

不是每一个多面向发展人才都是完美主义者，但许多人确实有完美主义的倾向，包括我自己也是。完美主义对于莫扎特类型或富兰克林类型的人都会造成问题，但它对多面向发展人才造成的影响特别大。举例来说，一个信奉完美主义的创作者可能需要为即将举办的展览发布新闻稿。如果他比较接近莫扎特这一类型，他可能不会想到要写自己的新闻稿：“我是创作者，拜托，我不是什么公关人员！”也许他可能会尝试写新闻稿，然而他一发现自己写不出完美的稿子，便打电话求助。这项挑战提醒了他，写新闻稿不是他的强项。

然而，一个比较接近富兰克林的完美主义创作者，可能会打定主意，除非他能写出完美的新闻稿，否则他无法为即将举办的展览发出任何新闻稿。于是他开始大费周章写作，由于他是一个多面发展的人才，所以他可能也认为写作是他的领域之一，以致没把注意力放在他的展出作品上。他拟出了草稿，想排出一份完美的打印稿，但他不会使用绘图设计软件，因此他又先去上排版软件课程。对他来说，这些挑战都很有意思，但是他处处要求完美，这必然导致他的创作动力受阻。

如果你是完美主义者，又是个多面向发展人才，你该怎么办呢？我很久以前就学到，我不可能说服一个完美主义者放弃他的完美主义。想排除这种个性特质所制造的路障，比较好的办法是学习如何成为一个完美的完美主义者：知道什么时候要做到百分之百完美，什么时候只要做到75%或50%，什么时候根本只要做到25%就够。

这个“完美的完美主义”练习，目的在于帮助你把你的完美主义打造得更完美。

完美的完美主义

珍妮需执行以下工作：

1.与伴侣出门之前，替小宝宝做好晚餐

2.为她的奖学金申请计划撰写自荐信

3.清扫庭院后方的落叶

4.检查所得税退税单上的数字是否正确

5.填写高中同学会寄来询问现职的表格，并回寄，借此建立关系

6.为一场本地会议准备服装

情节一

珍妮是个不完美的完美主义者。她仿佛是倾生命全部之力似的想完成以上每一项工作。她手忙脚乱、分身乏术，而且暴躁易怒。在这一天里，她把高中同学会调查表寄出了，却忘了贴邮票，她忘了那双可搭配会议服装的鞋子断了一个鞋跟、忘了按微波炉的解冻按键、把计划书的收信地址遗忘在办公室，而且也忘了清理落叶……

情节二

珍妮知道如何做一个完美的完美主义者！她按照各种程度的完美百分比，把工作分类：

需要25%完美的工作：____________________

需要50%完美的工作：____________________

需要75%完美的工作：____________________

需要100%完美的工作：____________________

你认为，在情节二里，完美的完美主义这种做法，会对珍妮的感受与工作效率造成什么不同呢?

现在，列出你目前面临的工作，为自己创造属于你的情节二。

你的工作需要的完美程度

1.____________________________

2.____________________________

3.____________________________

4.____________________________

5.____________________________

6.____________________________

障碍三：热情不再，无聊感全面来袭

克雷格喜欢一次从事一个兴趣焦点。他离开了国防部的工程师职位，转换跑道，担任高中数学老师。他经历了一段绝望与焦虑交错的时期，许多第一年执教的老师都表示他们也曾经历这样的时期。但克雷格克服了这段时期之后，进入了快乐而创造力十足的阶段。不过，离开国防部八年后的现在，他开始觉得无聊，而且是强烈的无聊感。如果有家长在会议上多讲五分钟的话，他就得压抑他胸中由于被迫留在教室里而产生的怒气。他也害怕需要打分数的考试："有时候我希望能把期中考卷扔到半空，依照考卷落地的位置打分数。"他坦承："我发现自己在做白日梦，想去学开单引擎飞机。"

克雷格并不是失去了动力，只是到了应该要向新的热情前进的时候了。他达到教书目标已有三年时间，现在他的无聊感就像在对街闪绿灯，催促他快快前进。

有另外一种形式的无聊，它在出现后所持续的时间比较短。当你进行兴趣焦点活动的中途，突然觉得无聊，然而你半个钟头前看着行事历，知道接下来有一个"兴趣焦点时段"，高高兴兴地从"兴趣焦点活页备忘录"中挑出这项活动时，你还不觉得有问题，但怎么现在你竟觉得无聊，需要做点别的事？

你走向电冰箱了，打开电视机了，打电话给某个突然想到的人，还是扑通一声倒进沙发，背向世界，躲进睡梦中？这些行为多半与情绪沮丧有关，使得你意兴阑珊，提不起劲儿。

事情不必如此。假如你能把这种无聊看成是一盏黄灯，对你提出有益的提醒，可以保护你不受到前方风暴的袭击，那么你将会得到意想不到的美妙结果。或许你已经用理性左脑做了过度分析，这时最好也给创意右脑一次机会。在这种突如其来的无聊时刻，有几个管用的对策，譬如你先打个盹儿，看看梦中能不能产生什么新见解，然后到外面散步，或在大自然里小酌两杯，先不要苦思某个逻辑论点。

或者，你对于手上进行中的某件事已经失去了新鲜感，这盏“黄灯”是在提醒你，不要再继续往下做了。每一个有经验的多面向发展人才都知道，应付这种无聊最好的方法是，回头检视你的每周兴趣焦点活页备忘录，因为备忘录里很可能写下了符合你当下状况和时段的活动。所以，你不必自责，就去做清单中其他能吸引你、让你暂时喘口气的活动。最后你还是能让另一个兴趣焦点有所进展，而且会发现又找回了动力回头从事原先的兴趣焦点。

障碍四：伴侣是专一的“莫扎特”

几年来，我看过太多富兰克林类型的客户，假如他们的另一半是偏向莫扎特类型的人时，便很难维持他们的动力。（我总是觉得惊讶，竟然有这么多对伴侣是两种类型的组合。）

以下这个例子，说明了这样的障碍如何在无意之间把人绊倒，而且让人觉得无法克服。琴妮既年轻又充满活力，她来上我的第一堂课时，已结婚两年，与丈夫罗伯特之间过着“开心得合不拢嘴”的生活。他们正在一处祖传多代的土地上设计建造一座仿18世纪新英格兰农舍风格的屋子。那时她必须做一个决定，经过我的协助，她便放手去做了。几年后，琴妮又来找我咨询。我小心翼翼地询问她先生好不好时，被她脸上的表情吓坏了。

这位个性坚强的女性叹道：“我们简直不知该如何和对方说话。”

她说，她和罗伯特一起做梦、设计并建造房屋时，两人宛若孪生灵魂，以琴妮的话来说，简直是“两个灵魂处在同一面”。她说：“我们都赞成减少婚礼与蜜月的费用，因为我们觉得房子才是至高无上的梦想。”

我问：“后来发生了什么事？”

琴妮的表情一沉：“我受不了他想一辈子住在那里。他不想做任何改变，不想去任何地方！他完全心满意足。现在房子已经盖好，计划完成了，我无聊得要命。我打算建造别的东西，或至少做些别的事。我最近在研究当代建筑。而且，有份令人兴奋的职务找上我，但我可能得为新工作搬去新英格兰。但你知道罗伯特怎么说吗？他说：‘如果我们不想住这里，当初何必花时间设计建造这房子呢？’”

琴妮与罗伯特并非特例，许多伴侣都把关系建立在共同拥有爱好上面。这类的伴侣，一旦到了其中一方准备迈向新事物时便会遇到问题。对于那些投入各项爱好的多面向发展人才来说，情况尤是如此。尽管琴妮现在觉得意外，罗伯特竟然对那座房子满意到这种程度，但琴妮自己当初也以为他们会在新房子快快乐乐住到永远。直到梦想实现、建妥新房子之后，琴妮才发现自己想追求新事物，也才明白，她和罗伯特不是自己原先认为的那样相像。

幸好这个故事有个快乐的结局。琴妮了解到，她需要变化，就像罗伯特需要保持原状，没有谁好谁坏的问题。只不过，琴妮为了维持生活动力，必须再做一次本书第9章提到的PRISM测验。假如接下这份要求她搬到新英格兰的工作，显然会伤害她的婚姻，使得她为这个兴趣焦点付出过高的“代价”（Price）。然而琴妮仍然渴望走出祖传土地农屋，探索外面的世界，因此她找了一份每年有几个月需要在外旅行的工作。罗伯特是个可在家工作，也可以在路上工作的自由撰稿作家，于是他有时候陪琴妮出去工作，有时候则心满意足地窝在家里。这两人必须判断他们俩各自能够忍受多长的分离时间，以及如何为彼此的喜好做一点妥协。这种协商虽然困难，却是可行的。

我收到琴妮和罗伯特从非洲坦桑尼亚寄来的一张照片圣诞卡。他们在那儿为“人道居住计划”盖房子，照片上，两人笑容满面，并写着：“我们利用假期休了三个星期的假，而且玩得很开心！”两人都在卡片上签了名。

第12章 阻碍实践兴趣焦点的十三个深层束缚

听你说到四个兴趣焦点的概念时，我好兴奋。我以为我会急着挑出自己的兴趣焦点，然后马上实践。可是，老实说，我到现在连笔记都还没开始看！你记得那几次我用了哪些冠冕堂皇的理由解释我为什么没做“作业”吗？呃，现在我得诚实面对自己：我喜欢这个“做个多面向发展的人”的概念，但我好像被什么挡住，使我无法身体力行。你能给我建议吗？

——安迪，25岁

我希望，前面几章已让诸位了解到“多面向发展”是一种正常而健全的人格特质。你已经知道，就算有好多事物值得你专注，你在所热爱的领域里也可能成为高手，即使你不断改变你的热爱，你仍可以把人生安排得有条有理，让你的多面向发展特质得到发挥，也会让你在金钱方面得到回报。所以，此刻你应该是等不及要系好鞋带、赶着上路出击，对吧？或许如此。有时候，多面向发展人才会发现自己不知为何竟然困住了，明明加足了马力，轮子却在空转。

史蒂芬就是一例。他的家族在好几代之前从苏格兰移民到美国，带着强烈的工作伦理一起过来。这家族的家训清清楚楚："工作很辛苦，工作很严苛。长大成人就得干活儿，其他的都别想！"史蒂芬家每一代都会传诵一个迷途羔羊的故事，说他们家里某一代有个欧拉夫叔叔，满脑子想当艺术家，不愿下田务农。这个傻子的下场如何？他在第一次世界大战时坏了一只眼睛，后来沉溺于杯中物，喝垮了家产。

史蒂芬认清了自己的多面向发展特质之后，又有何造化？每当他有所成长，就算只是对于他所热爱的事物产生一丝兴奋之情，此时就会从天外冒出家族里那句老话："别傻了！"史蒂芬会立刻让自己忙着做一大堆（无法满足心灵的）农场差事，不让自己有多余时间去想那些邪恶的热情啦、兴趣啦、文艺复兴人啦的东西。

史蒂芬的痛苦，很多读者也许觉得心有戚戚焉。本章就要谈到几个可能会浇熄你心中火苗、拦住你往前追寻热情的难题。有些难题很常见，但多半是一时的难关；有些则需要谨慎斡旋，方能破解。

内在的自我保护机制让你抗拒新尝试

先别自豪地宣称自己是一个多面向发展的人才。请问，你是不是对自己都说不清楚自己的个性，当然也就无法对别人说清楚？如果是这样，那么你也许已经不知不觉发展出一种自我保护的方法，不让自己受到约束。例如我有个客户提姆，总是找得到理由说明他为什么无法开展他的热情。不过，提姆渐渐接受了自己的多面向发展特质之后，会找我一起琢磨他那些所谓的理由。他渐渐认清，自己每听到一个新建议就找理由否定它，这是他用来对抗可怕生涯阶梯的方式。因为提姆害怕，一旦他认真采纳了新的建议，就得一以贯之，这在他的潜意识里会转译为"一辈子无法摆脱"的意思。

提姆的恐惧，像是一个开口说想学跳踢踏舞的小孩可能会有的恐惧。母亲把孩子送去上踢踏舞课，过了一个月或三个月，孩子晓得如何用双脚发出踢踏声响之后，随口告诉妈妈说他不想再上课了。爸妈花钱给孩子学舞，又是买舞鞋又是接送上下课的，听到孩子这么说，又泄气又恼怒，对孩子吼道：“当初是你说你想学踢踏舞的！”提姆在与我咨询的过程中，对于我们激荡出来的好主意一一加以挑剔否定，这其实是因为他不想承认自己“想学踢踏舞”。有些其他客户也出现类似的反应，推托延迟、忘了重要的约诊，或者说搞丢了“兴趣焦点笔记本”。

直到提姆认识到：现在喜欢某个想法，不代表必须永远投入，于是他那种“自己拆自己的台”的模式便消失了，而且他很快就准备要尝试“兴趣焦点笔记”里所列的项目。每当那种想推开新概念的熟悉感觉又冒出来，他便回头阅读他做过的价值观习题。如果他的想法与他认同的价值观两相呼应，他就能带着信心前进；如果他发现他的新想法与他的价值观不符，他就放任自己去否定新的想法，而且知道自己并不是出于事事否定的旧习惯。

家人的期望阻碍了你追随兴趣的脚步

每一个人长大成人之后，都带着家族或社群里的某些指示（“你必须这样！”）或禁令（“你不可以那样！”）。在你以兴趣焦点为基础来规划人生时，也许会发现自己踩到了上述各种“家规”的界线。某些人觉得这样很刺激，有些人却感觉这好像是蒙住眼睛走在伸出船舷的木板上，稍一不慎就会落海。你也许根本不知道自己为什么挣扎。你挣扎，是因为来自家人的期望太多是没有说出口的：该赚多少钱、女人到底能不能出头、身为家中老幺的你值得功成名就吗……

我有个客户安卓雅，她的双亲都是术业有成的知名教授。学术是这对父母的命脉，两人从小就是学校里的佼佼者。他们对于独生女——他们的掌上明珠——寄予同等厚望。遗憾的是安卓雅在求学过程中出现了罕见的学习障碍，但直到二十多岁才发现问题所在。对于有学习障碍的安卓雅来说，教室是一处令她备受挫折而没有安全感的场所，于是她转而投入大自然寻求慰藉。她来找我的时候，很清楚自己对于观察鸟类与辨识野生动植物怀有极大热情。但她明白，在她父母眼里，这种事只是老人家与体弱者的嗜好，于是她继续过着每星期花四十小时窝在不见光的大楼里打电话募款的日子。为什么？因为这是为某一所大学募款的工作，这使她得以与学术界维系着一份安全的联结，以此符合家人的要求。她的双亲可以很骄傲地说："我们在某甲大学教书，小女则在某乙大学工作。"

我还有个客户珍妮特，她的母亲几乎足不出户，仿佛对屋子以外的世界心怀恐惧，于是把全副心力用来替家人料理三餐与缝纫衣物，与珍妮特的外婆当年一模一样。但珍妮特似乎打破了这种模式，她踏出家门，走进屋外的世界，辛苦工作。在珍妮特的眼里，母亲的世界与她自己的世界没有多少关联，直到我们发现她母亲的想法："我这么可怜，不可以有人比我快乐！"珍妮特的母亲苦于广场恐惧症，于是她所有子女也非得受到某种折磨不可。珍妮特找上我的时候，噼里啪啦发泄职场里的不快，倾诉自己的际遇多么不公平，以及她因为这个那个的原因没办法换工作。一说起自己假如命好一点就能去做她想做的诸多事情，她可以聊好几个钟头。然而，一提到如何在某一方面做出改变，对她来说显然是一种碰不得的禁忌想法。所以，当珍妮特认为自己拥有多面向发展的特质，对我问出她"为什么好像就是无法开始"的疑问时，我并不意外。

史蒂芬、安卓雅与珍妮特的家人对于他们的期望都属夸张的特例。

不过，不少人也都接收了某些家训，说不定是以较隐微的方式传递出来的说法，而使得自己精心设想的计划为之腰斩。譬如，府上“每一个人”都从事法律工作；你们家里没有人会在“劳什子象牙塔”大学里工作到“行尸走肉”。或者，你在成长过程中听到家人说：“神志正常的人不会想当艺术家，因为艺术家都是饿肚子的人”“神经病才会去当心理治疗师”。你家里人说，务实的工作最重要、不必多想，还是说会计师这一行令人立刻联想到“无聊”二字？

辨认出这些话语，有助于你面对并克服你的家训。史蒂芬利用接下来即将介绍的练习做了一番思考，结果他发现，假如他认真学习拉小提琴，他其实不会像欧拉夫叔叔那样弄瞎一只眼睛。安卓雅发现这项练习使她清醒，足以坦白说起她那明显存在，但家人从不讨论的学习障碍问题。最后她费了九牛二虎之力，终于表明自己没有兴趣与双亲一样待在大学环境里。在那次讨论过程中，她对爸妈说出自己真正的兴趣所在，也谈到往后打算如何延伸这项爱好。安卓雅的父母听了之后并不真的开心，但是安卓雅得到了解脱。在珍妮特的例子里，她看见了母亲传下来的教训之后，我们便找方法让她不必困在悲惨处境里也能体谅她母亲。最后，珍妮特每个星期固定找时间陪伴母亲，以同情的态度聆听母亲永远说不完的“我好可怜”故事，然后把其他时间用来规划自己人生，而这时她心中怀抱的是信念，不再是内疚。

如果你正好受限于家庭的教诲或社会意见的限制，现在你该认清这个事实了。幸好目前有很多对策可以运用，帮助你战胜那些扭曲的说法。专业的心理医生可以提供这方面的建议，不少大众心理学和成长励志书籍也写出了对应之道。当你又听到旧时家训发出了严峻而愤怒的声音，你也可以尝试一种我称为“冷眼看待旧家训”的练习。且让我先描述这个练习如何帮助了一个活泼开朗、具备多重天赋的客户。

亚摩斯出身于一个蓝领阶级家庭，他是家中第一个考虑争取一份管理职位的人。同事与家人大力鼓励他去争取公司里的某个职位。亚摩斯跃跃欲试，但一直没有采取行动。于是他来找我咨询。

很显然，亚摩斯在“身体力行”——寻求升迁至管理职位——这方面受到阻碍。我和他先做笔记，把他一想到要采取行动时心中冒出的负面想法都写下来。不管是他对自己的看法也好，或者他与外界的关系也好。亚摩斯的负面想法如下：

一、在乎能不能成功，是自私自利的行为。

二、参加那种大型会议，我没办法衣着得体。

三、进入管理阶层？这等于要我加入那个歧视我爷爷的族群！

四、我常常写错字，这样他们就会发现我不属于那个圈子。

五、你必须出卖一切才换得到升迁。

说出这些负面想法之后，亚摩斯万分惊讶：“我根本不晓得自己心里这样想。难怪我一直困在这里。”接着他微带着难过语气补了一句：“唉，我猜，我那个想升迁的念头大概就到此为止了。”

幸好练习还没结束。我们继续找出藏在每一个负面想法之下的假设。他的这些假设，往往是对于人性或人间形势的概括看法（“如果我当上主管，没有人会喜欢我的”“真正的女人应该要兼顾工作与母职”）。亚摩斯与我谈着，渐渐看见了他对事物的假设。他把这些假设列在他负面思绪的后面：

一、在乎能不能成功，是自私自利的行为。（成功的人都是自私的。）

二、参加那种大型会议，我没办法衣着得体。（那些人知道一些我不懂的东西。）

三、进入管理阶层？这等于要我加入那个歧视我爷爷的族群！(主管都会用有差别的心态待人处事。)

四、我常常写错字，这样他们就会发现我不属于那个圈子。(比起我这种劳工阶级出身的人，主管级的人本来就比较不会写错字。)

五、你必须出卖一切才换得到升迁。(升迁的标准不在于你的为人如何，也不看你实际拥有哪些技能。)

然后他抗议说："就算我有这些假设性的看法，那又怎样？"别急，还没完呢。接下来，我们要把上述每一个负面想法用一个代码来标示，如果亚摩斯认为要用两个以上的代码来代表才合适，他可以悉数列出。接下来的练习如下所示：

* 我心中那个已经长大的成年自我，真心相信我前面所写下的论点吗？若否，以X标示。

* 如果我认为哪一条真的对我很重要，我能否学着去做到它？若能，以L标示。

* 有什么方式可以让我修正这个与人间有关的"事实"吗？有什么方法能让这个事实不对我造成影响吗？若有，以M标示。

亚摩斯仔细看着他所列出的负面想法，最后认为他并不真的相信第一、第三、第五条，于是他在这三项后面加上X。他觉得自己可以学着打点外在，于是把第二条标示为L。他认为，如果写出正确的用字对他很重要，那么他可以加强这方面能力，或者利用可以检查错字的电脑程序与字典，于是他也把第四条标为L。然后，亚摩斯重新审视那份列表，又在第五条的X旁边加上M。"也许有些人会为了升迁出卖一切，但我把我的荣誉看得比荷包重要。这一点我很确定。"

“我觉得我看得比较清楚了。”他笑着对我说。

但是，最后一道步骤才真的能为亚摩斯确立他的想法：我请他把他领悟到的心得写成一份摘要。他这么写：

> 我拥有良好技能，我也知道自己有能力规划计划。可是，人必须位于管理阶层才能做规划工作。所以，为了升迁，凡是该做的事我都会去做。我会寻找穿衣方面的建议，学着写出像样的文章，不再错字连篇。而且我要从自己的技能出发来争取这份职务。假如我升任主管，我还会是原来的我，我也会努力用公平无私的原则对待他人。

这个把旧日家训摊开来检验的过程，彻底改变了亚摩斯对于往前迈进的感受。他自觉意志动摇的时刻，便把这段摘要拿出来读几遍。

多样的金钱观限制了你多面向发展的热情

你我都听过家人对于金钱成就的说法。在你家，是不是以金钱形式出现的报酬才是有意义的报酬？你家人认定有钱人就一定自私、邪恶、贪婪、恶毒又不开心？也许各位在成长过程中有意无意做出了假设：假使你变得富有又成功，别人就会嫉妒你，说你的坏话，想从你身上挖到好处才假装跟你交朋友。或者你家族里有个亲戚很有钱，无时无刻不受人佩服或奉承。有些人一再听人说起金钱是万恶渊薮，金钱买不到快乐；有些人听到的却是：没有钱，谈什么人生！

与钱有关的说法总是夹带着浓厚的情绪色彩。你所接受的这类教诲，必定会影响到你对于人生的规划。譬如，一个认为成功只会引人嫉妒或招来损友的人，也许常常在不经意间限制自己朝向多面向发展的热情，不让自己走上自知不会有成就的方向。这种曲解，令人觉得遗憾，却是可以理解的。找出这些可能会阻碍你发展的家族训诲，可以引导你去寻找相关的书籍资料、上研习课程或者找心理医生咨询，帮助你用更健康的角度看待此事。

对性别的刻板期待约束了你的价值观

有时候，家族传下来的种种与金钱、事业或其他人生课题有关的看法只适用于一种性别。对于出生在20世纪三四十年代的女性来说，女人的未来有特定进程：结婚、生子，若必须贴补家用就去当护士或老师。在史蒂芬的家族里，所有男人理当以务农过一生。这些例子看来也许过时了，但请读者记住两件事：第一，我们脑子里接收的这些看法，几十年来由父母师长传下，在我们的人生里稳稳扎了根。若我们的父祖辈在成长过程中读的是《组织人》（*Organization Man*）这类书籍，看的是《一袭灰衣万缕情》（*The Man in the Gray Flannel Suit*）这类电影，然后把这些作品里的价值观传递给子女，而子女即使从未看过那本书或电影，也可能会持有这些老派的态度，追求从一而终、忠于雇主、一辈子只做一种工作。第二，更多当代的思想也许也带有同样的压迫色彩。事实上，不是所有女人都必须出人头地或者都必须足不出户，不是所有男人都必须把组织一个摇滚乐团当作自己的兴趣——有一些成年男子选择在乐团当鼓手是他家的事。

在兄弟姐妹里的排行会左右你的想法

除了性别有所影响，出生排行也可能会左右你的想法。老大对于自己的看法往往与老幺对自己的看法不同，家人对老大的期望也不同于他们对老幺的期待。父母多半希望长子有强烈的责任感、务实、重视学业，而长女则应该分摊家务、照顾弟妹，经常还要体贴母亲是否操劳过度。另一方面，老幺也许成年之后仍然觉得自己见闻不足，或者觉得自己反正不会得到家人正眼看待。我有些客户在家里排行老幺，他们已经四五十岁了，依然认为“装可爱”是面对人生种种课题时最能达到目标的技巧。夹在中间、上有兄姐下有弟妹的人，则可能会疯狂追逐镁光灯的关注，或者反过来过度恐惧成为焦点，这是由于他们在孩提时很少得到充分的注意。至于独生子女则要思索自己是否太早熟、太急于以父母的喜好为喜好——因为父母是独生子女仅有的玩伴。独生子女也可能由于处在“小宝贝”的环境里太久，长大后缺乏为自己做主的自信。

社群偏见妨碍了你向前迈进

有时候我们觉得自己不属于任何群体，或者觉得一直打不进我们想进入的世界。这种感觉让我们觉得自己是“外人”。对此，第一代移民及其子女通常很有共鸣，但不仅止于移民社群会有这种隔阂感。任何人都可能出现这种感觉，譬如自认不会打扮、常写错字、不善言辞的人，也会在自己所属环境里觉得格格不入。另外，一个自认由于己身所属种族、宗教、性别、阶级或性倾向而不受欢迎的人，也会自觉是外人。

遗憾的是，这些遭受排挤的感觉有时候是真有其事，而且可能带来莫大痛苦。这时，找同侪吐露，或加入相关支援或社会团体，也许会有助于你往前迈进。

臆想而生的恐惧让你望而却步

你放开了熟悉的想法，上路寻求新天地，途中你也许会出现某些扰人的症状。譬如，也许你的食欲改变了；你到了晚上反而更清醒，或者反过来你一觉睡到隔天中午；你心跳加快；你觉得五脏六腑上下翻搅。这些症状说明了：你在害怕。

“恐惧”是完全正常的反应，是人类面对未知时必然会出现的反应。人在恐惧时，肾上腺素和可体松这类压力荷尔蒙正在我们的神经系统里建筑防御工事，以对抗一切我们认为危险的事物。无须排除恐惧感。如果你正在尝试新事物，你很兴奋或者很激动，也许你一辈子就在等待这个机会——这时你就可能觉得害怕。

准备上台发表论文的专家也好，准备接受面试争取高一阶职位的人也好，谁都知道恐惧为何物。然而，对于一个喜欢走上新的方向或者不再想领薪水而准备创业的人来说，恐惧是经常冒出来的同伴。这是因为像我们这种人经常在变换处境、职位等“标签”，而变换会引发恐惧。我一再听见这些兴趣驳杂的人说出他们的恐惧：怕失去原有基础，怕吃闭门羹，怕自己断了自己的后路。这些画面鲜明而恐怖。用另一个画面来比喻的话，我会说：他们像是表演高空秋千的马戏团艺人，在半空中从这一端的秋千荡到另一头的秋千。

或者再换一种画面。请你在心里想象一只龙虾，蜷缩在合身的壳里，那是它熟悉的外罩。可是龙虾会长大，必须挣脱那坚硬的保护壳，让出空间给新生的壳。旧壳一旦破开，龙虾只剩下薄薄一层新壳保护自己。外壳如此变化，龙虾理应恐惧，因为在换壳的时候很容易受到伤害。可是这种脆弱状态是长成大龙虾的必经过程。随着时间过去，新壳会变得坚硬而发育完整。如果龙虾不愿脱离原有的老壳，它只会落得发育迟缓的下场。有些人为了逃避随着改变而来的恐惧感，便以“现在还不是时候”“我现在承担不起这风险”或“我实在太忙”之类的借口向恐惧投降，像一只不肯蜕壳长大的龙虾。

虽然恐惧是永远无法消灭殆尽的，但我知道几种可以软化恐惧的诀窍。请你先认清楚一件事：你可以做主，你可以选择一：任凭恐惧使得你四肢瘫痪，把你限制在你觉得安全舒服的范围里；二：大谈“有朝一日”你一定要去做哪些事情，或者“只要在某某条件下”你就能做到哪些事；三：你可以拖延，任凭自己大材小用，永远不尝试任何不能充分保证让你安全落地的事情；你还可以选择四：把恐惧当成活力的来源，利用恐惧感来驱赶自己上路。

我这么打比方好了，假设你得做一场简短的演讲，必须对着大庭广众说明你的兴趣焦点。你以前从来没对外演讲过。你会如何反应？你可能会说：“我实在不知道怎么办！”然后待在家里不出门。你也可能会选择就去做它，并问自己：我到底在害怕什么？我这些恐惧感对于我接下来的准备工作提供了什么帮助吗？

你担心的是上台后会结巴吗？请你多多练习，直到把讲稿文辞记得滚瓜烂熟。接着你闭上眼睛，想象自己轻松说话的样子。你甚至可以想象临场出了状况——譬如你的声音开始发抖——然后盘算你该如何处理。

你担心的是现场器材会出问题吗？请你提早抵达现场，先调整演讲台和麦克风的高度，确保播音系统不会发出干扰噪音。

或者你担心自己上了台却脑中一片空白？请你及早准备几张三英寸

乘五英寸的资料卡，带在身上，帮助自己记下演说内容。

不论你采取何种步骤，你都可以感谢你的恐惧感帮助了你准备这一切对策。著有《十二周开发创意潜能法》（*The Artist's Way*）的朱莉亚·卡梅隆（Julia Cameron）提醒了读者："焦虑就是燃料。我们可以运用焦虑来带动书写、作画与工作。"

说出你的恐惧是什么，并把它拆解成明确的烦恼，然后让那些烦恼教导你如何做准备。以下表格整理出几种常见的恐惧形式，也列出哪些工具可以把恐惧化为前进助力。这些例子告诉各位如何让恐惧为你效命。这个过程牵涉到三个步骤：指出你的恐惧，把恐惧拆解成明确的烦恼，预先备妥面对焦虑的方法。

此外，你可以做些好玩而不那么合逻辑的事，借此稳定心神：在你做着你所害怕的差事时，不断重复说着与此事有关的、傻气的、有宗教意味的或亵渎神明的字句。身兼作家、艺术表演工作者和创业家身份的卡罗琳·洛伊德（Carol Lloyd），说起她自己傻乎乎的咒语："我默念着：'你们都是虫子，你们都是虫子'，或者'祝福我吧，祝福我吧'，或者'可爱的烂人'（或其他措辞强烈的语句），以此克服我预料中那种会令人瘫痪的恐慌感，然后就往前迈进。你说出的那些放肆的咒语会占据你的意识，让更深层的内在接管你自己，放手开展眼前工作。"

有些时候则比较适合采用具体的想象画面。把你所有的恐惧想象成坚硬的冰雹，从天上往你头部落下来。接着你深呼吸，想象那些哗啦落下的冰雹融化在轻柔的早春细雨里。继续缓慢呼吸，并想象和缓的流水滋养着一朵又一朵番红花，最后整片原野都是新生的植物，每一株都带着活力与希望。

让恐惧发挥功能的例子

一、恐惧

我讨厌拿起电话向别人请教事情。

如果我得到这份在华尔街工作的分析师职务，我赚的钱会比大学时代的朋友都多。那时他们还会喜欢我吗？

我怕自己在运动时受伤。

我会知道如何处理新事业的财务吗？

万一我升任副总了，却发现自己无法胜任，该如何是好？

二、拆解恐惧

除非有人建议我打电话给某人，否则我不喜欢打这种征询电话。

如果电话接通后直接进入答录机状态，我从来不知道该说什么才好，结果总会留下很蠢的留言。

我对于商业趋势的了解不够，说不定对方会提起我听都没听过的当红畅销书！

人们都只喜欢成就与自己差不多的人，或者成就不如自己的人。

万一我像我朋友杰基一样拉伤肌肉，该怎么办？

我该如何为我的产品定价？

我听说小型企业的账目记录非常复杂，万一我把账目搞混了怎么办？

将来我得去外地出差，我该怎么隐藏我对搭飞机的恐惧感？

我该如何穿出得体的服装——我穿家居妈妈装太久了，不会穿衣服了！

三、准备动作

我要在教会里四处打听，看我是不是真的找不到人，认识我即将打电话的这位对象、能让我搬出他的名字。找到后我可以说："某某某建议我打电话来找你。"

我可以先大致写下留话的重点，再拨电话。

我可以先想出一个诚实的，但我也觉得自在的回应，譬如："我得承认，我最近忙着拓展业务，没怎么读书。不过您提到的那本书听起来很不错，能不能请您再说一遍作者的大名？"此外，我可以花十五分钟浏览报纸周末版面的一周商业大事记和畅销书排行榜，以缓和我这种焦虑感。

我表哥做的生意动辄几百万美元，他是我的榜样。他很会赚钱，但我没有受影响，还是喜欢与他一同钓鱼。这就提醒了我一件事：我应该在我有限的闲暇里拨出时间，找大学时代的老友一同钓鱼。

我在运动之前可以先做伸展运动，并且慢慢建立一套安全的、属于我自己的运动习惯。而且我得提醒自己，假如我不运动，哪天得拔腿追赶公车时才真的会拉伤肌肉呢！

我可以去逛各种卖场，了解各种类似货物的定价状况。

我可以致电本地商会寻求指导。我还可以请教我大嫂她当初开办电脑顾问事业时如何管账。

我记得我读过有关如何用催眠法来克服恐惧症的资料。我可以上网查，或请我哥代我请教他的心理医生。

这时还不问朋友，那交朋友干吗？至少我可以翻一翻服装型录和时尚杂志，从最近流行款式里寻找灵感。

害怕失败让你不敢尝试新事物

“恐惧可以转化为礼物”的这个概念，特别适合用来克服“我不会成功的”这种常见的恐惧感。太多人不给自己机会尝试新事物，只因为害怕失败。你不妨回首过去那许多次以灰头土脸收场的付出，而那些“失败”里面含藏着你日后才能体会的礼物。我有个当电影导演的客户史都华，他成长于一个强调男儿有泪不轻弹、事事“我自己来”的家庭。不管电影公司交代什么棘手的案子给他，他都有办法排除困难加以完成，为此他很自豪：“电影里那种单枪匹马进城击败坏蛋的独行侠警长，我一向感同身受。大家都知道我做得到。”于是，史都华构思了一个他有意独立完成的拍片计划，家人与朋友都表示鼓励。后来呢，史都华的伟大构想遇上了经济不景气，变成一场财务大难关。这项拍片计划从未完成问世。独行侠警长没有赢。史都华从那场“失败”中得到了什么吗？他说：

> “就在我家开始惨淡度日，我不得不遣散所有员工，然后告诉老婆我们已经血本无归的时刻，有件事情发生了。现实逼人，我只好把自尊摆在一边，把教养抛开，我竟然真的对外求助了。我向银行借钱——这种事情以前我也做过——还要向我认识的人开口！我向朋友家人求助，甚至找上我老爸。他们都来帮我渡过难关。有人出主意，有人帮我找关系，有人甚至还掏腰包。最后我没能把拍片计划救回来，但从某种程度来说，这个经验大大改变了我的想法。如果拍出了这部片，让我成为千万富翁或亿万富翁，我所得到的收获都不会比我被迫求助来得多。是失败使我明白，三个臭皮匠胜过一个诸葛亮，几

颗脑袋胜过一个人的全部能耐。从此以后，我再也不在未筹组团队的情况下就单枪匹马投入拍片计划，这真是我人生的转折点！”

有关成功的负面经验让你不能善始善终

我在做团体咨询时，几乎每一次都有人说：“你说，我们这些害怕成功的人该怎么办？我不知道听别人说过多少次，我就是因为害怕成功，才会每逢成功在望之际就弃船逃亡。”旁边其他成员也会表情痛苦地点头附和。我总会讲几个客户与朋友的故事给他们听：那些人不想超越父母的成就，或者长久以来对于“受称赞”这件事带着负面的经验（他们在儿时也许曾经觉得，别人称赞他们是为了强迫他们做别的什么）。或者他们带着几条与成功有关的“禁令”，例如“大家会嫉妒我”“我会变成有钱人，也就会变成别人的‘敌人’”。对这种人来说，本章的多项建议就很有帮助，或也可寻求心理咨询。

然而，对于一个多面向发展人才来说，面对“你害怕成功吗”这个问题，只有一个答案：“才不怕！”我会这样说是出于两个理由。第一，害怕成功的人不会努力付出直到“成功在望”，却会让自己彻底失败，以此当作保护自己的手段。第二，一个多面向发展的人才，是在顺利渡过重重关卡、发现无事可挑战的时候，才会中途跳船；这种人不怕成功，就像小龙虾不害怕破壳而出。我们不会被成功搞得心浮气躁，我们只是甩开它！

缺乏积极动力让你无法对事物产生兴奋感

比起受到老旧教诲的禁锢或者自觉柔弱与恐惧的情况，缺乏动力是比较严重的问题。缺乏积极动力，意味着无法对任何事情产生兴奋感。没有一丁点儿东西能点燃你的火焰——如果你就是这样，那么你在阅读接下来的段落时，只要你脑袋里又有一只灯泡熄灭了，那么你也许该寻求专业的医疗或咨询，帮助你越过这道障碍。

生活变故阻碍了你展开人生蓝图

你准备按照新的人生蓝图前进了，但你背负着一些你不见得愿意承受的负担：家里有人重病卧床、必须照顾年迈的父母、公司精简人事使得你工作量庞大。这些沉重的责任不容易承担，你没有多少气力追求真正的爱好。

讽刺的是，人们往往要遇上重大事故或伤痛之后，才不得不重新审视自己的人生抉择。而这时我们可能尚未做好万全准备。这种时候，你要“想尽办法”把你剩余的有限精力用来减轻你的负担；如果你做不到，那么请你等候一段时间，先渡过这道难关再说。如果你正逢痛失所爱，请你千万记住：你的悲伤无法像外人期待的那样快就消退。你因伤导致身体机能障碍已有六个月了，或至亲挚爱去世都一年了，不代表你已经能朝新方向前行。事实上，新近研究显示，重大事件造成的阴影，经过好多个周年纪念日之后也未必能挥除。

不论你是要扛起额外负担，或者面对重大打击，你都得记住：如果必要，你可以允许自己暂时脱离兴趣焦点几个月，或者更久。暂时抽身不是一种失败，而是为了保证你会在状况转顺利之后，带着重新提振的热忱，回到兴趣焦点里。

尚未诊断的疾病让你误判自己的兴趣所在

有些人不断冒出一些身体不适症状，挣扎数月甚至好几年，误以为那是对工作的焦虑或者只是想逃避工作所致。如果你已经知道了如何辨认自己的热情所在、如何结合几种主要兴趣，但你还是无法打起精神付诸实行，那么你也许要考虑做一次彻底的体检。未经治疗的慢性失调症状，例如贫血、慢性疲劳症候群、甲状腺问题、季节性的轻度不适、更年期症候群或近更年期症候群、免疫不全，这些都可能让人由于疲累而无法安排新生活。此外，药物治疗，特别是综合性质的药物治疗，可能会令你昏昏欲睡，或者焦虑到不寻常的程度。如果你目前一次要服用好几种药物，请向你的医生报到（但不要擅自停用任何一种药物，除非医生指示）。

谁都会由于长期的抑郁而无精打采。卡罗琳·艾克勒贝里（Carol Eikleberry）博士在《创意人与非传统人士的事业指南》（*The Career Guide for Creative and Unconventional People*）一书里指出，消沉情绪不一定会以清晰易辨的面貌出现。她提到某些客户“自认不属抑郁一族，因为他们并没有悲伤难过的情绪，但他们的确有空虚感或麻木感，或者觉得极为倦怠”。精神抑郁的人可能会把这种淡漠的情绪误认为自己人格上的缺陷，可能会整天睡觉、电视看个不停、尽可能无所事事。有时候，可怕的长期失眠其实是一种抑郁症的表现。也有抑郁症患者会变得不注意个人卫生或周遭环境清洁。我多年来接触抑郁症客户的经验，使得我可以支持艾克勒贝里博士的看法："如果你没有前进……那是因为你太累，所以你哪儿也去不了。你也许应该先去治疗抑郁症。"

过往的心理创伤影响了你发挥多面发展的特质

我有一些客户，他们身体健康，接受咨询前好些年里不曾遭逢重大伤痛，却难以对任何新计划产生兴奋之情，即使知道了自己具备多面发展的特性也不觉得开心。在这种案例里，客户过去的人生经历里往往包含某些因素使得他们无法活在当下。受虐经验、战争创伤、遭受侵害等恐怖往事，强烈影响了你发挥你的多面发展特质和你的乐趣指数。在此我不解说这种错综复杂的心理现象，只指出此一现象会通过四种模式干扰人生蓝图的规划。

一、刻意让自己关注某些事物。你是否养成了某种行事风格，譬如永远保持超级忙碌、超级警醒、超级控制着人和事物，用这种方式来让自己不至于想起往事；或是因为你相信这种行为模式可以保护自己，不让创伤经验重演？若是如此，那么你已经把创意用在别处，而没有多少精力可以用来挥洒你的兴趣了。我有个客户名叫黛博拉，她说过以下的抱怨，你听了有共鸣吗？

"我老是认为，只要我匀出更多的时间，我就可以动笔写诗了。不过，等到我把某个周末留给自己或者遇上假期，我期望中的诗兴从来没有冒出来。我就安安静静地坐在露台上，欣赏着我花了大钱才看得到的湖光山色，好个重新拥抱诗人灵魂的理想场景呀。最后，我光坐着，啥事儿也没做，这令我焦虑，于是我就近抓起一本书来读。有时，在我认为我应该要遗忘电话这玩意儿的时候，我却拨起电话找人说话。有时候我甚至会替自己找别的差事做，例如寄明信片给每一个我认识的人，却就是不想把一个人的时间拿来认真思考、用心感受。然后我带着无比挫折的心情回家。”

当然啦，喜欢保持忙碌的人，不是个个都受过创伤，有些人是天生的劳碌命。但在小说家康妮·佛勒（Connie May Fowler）笔下，出于逃避而让自己忙得团团转的人是这样的：“如果我让自己忙着做某件事，或许就能阻止眼泪滑落脸庞，即使只拦住一滴也好。”当你让自己埋首于某种活动，借此逃避某种创伤源头状况，或者不让自己关注那痛苦的思绪，这种做法看起来可以让你顺利做完其他事，但是，只要你觉得安心，你其实可以把时间花在对你更重要的事物上。好好处理这种行为模式，有助于你追求对你有意义的热情。

二、孤注一掷，或者同归于尽。我的有些客户在小时候受到酗酒人士的伤害。父母亲里有一方是“疯狂型”个性，会在子女情绪上造成压力，或者以暴力对待孩子，对孩子造成侵害。这些客户从小就知道必须保守家中某桩秘密，不得张扬。人遇到了别人要你守密的时候，要么就乖乖闭紧嘴巴，要么就不管什么守不守密，通常没有其他余地可言。这种状况埋下了一种后果，使得孩子带着“不是这样，就是那样”的思维到长大成人。假如你正好有这种状况，你也许会害怕假如你对于自己的多种兴趣产生兴奋之情，你就会变成尽是玩耍不做正经事，再也无法担起责任。你“知道”自己若不是抓住每一个送上门来的公开演讲场合，就会全部不要。你很难相信自己可以只做其中某一些，而不必全部都做；你也很难相信自己可以从自己喜爱的事物中得到快乐，同时仍能完成你先前已经投入的其他活儿。

三、隐藏秘密，寻求认可。若你年幼时曾遭虐待，你很可能会认为，都是因为你不好或做错事，才会遇上那些惨事。年幼的你，还没有能力认识到，大人可能是受到了酗酒、精神疾病、失业、种族歧视、生理健康问题、对同事的憎恶或生活压力等因素的作用，才会对你不好。结果你变得很容易把事因归咎于自己，除非等到日后有一天你得知当年处境的真相，而且知道原因所在，否则你很可能就这样背负着错误的耻辱长大，如此这般生活好多年。然后你认为别人只要认识你多一点之后，就会发现你内心深处那可怖的秘密。为了隐藏那个秘密，你可能就会寻求表面形式的认可——这是一条不归路，造就出玛丽莲·梦露或“猫王”埃尔维斯·普雷斯利这类人物，虽然得到了成功，最后却以悲剧收场。

小说家娥苏拉·海吉（Ursula Hegi）对于这种耻辱的力量做出了生动的叙述，在她笔下，某个人物的“耻辱感深深埋在她的胃里一处熟悉的所在。她吃下肚的食物还来不及给予她营养，就被这耻辱先据为己有”。如此低落的自信和深沉的耻辱感，怎么可能成为健康的土壤供梦想发芽开花呢？遇到这种案例，我大力建议先施以具有治疗性质的“肥料”。

四、隐藏在不被别人看见的外壳底下。有些人会觉得，反正没人关心他们，于是放任自己发胖、消瘦、完全不发出声音、安静无比、毫不讲理，自认这是安全做法，可以使自己不再受到虐待。如此这般，他们砍断了自己的某些天赋与热情。这样的人若想好好规划人生，最好聪明到知道要去寻求好的咨询。

对于曾经遭受创伤、忧郁症等严重问题的人来说，还是有希望的。到处找得到心理医生，这些专业人士能善用多种方式对于上述困境提供助益与疗效。此外，草药与人工合成抗抑郁药物已有重大突破，大多数人都可以找到适合个人体质又不造成严重副作用的药方。现在很多地方都设有各种支持团体，包括声援酗酒中毒者子女或性侵害幸存者的社团，这可以在报刊网络上找到。我曾经目睹一个怀着智慧与勇气对外求助的客户，我身边也有这样的朋友。如今他们都感受到新的可能性，人生亮了起来。

经验告诉我，身上没有顽固难题的人，比较容易克服上述问题——而且多半是靠一己之力就能克服。倘若不是严重的抑郁症，那么只需要辨认出那些令人挫折而没完没了的脑中录音带内容是什么，就能解决问题。一点自知之明，加上一丝勇气，就足够你建立更诚实的思维习惯。当你在对抗来自家庭训诫之类的障碍时，也不妨寻求心理咨询。只要能让你再度发现自己开始渴望采取行动往前进，你就知道你用对工具了。

你的车轮将不再原地打转，开始载着你上路，逐步接近你想做的事——这种感觉非常棒。祝你有一场伟大的冒险。

结语　成为别人的榜样

我读高中的时候，祖父特别为我制作了一份“成就奖状”，只要我在某一方面表现出了自己，就会奖励我。他花钱请了一名书法家，写下我在高中参加的所有活动，包括我去医院当志愿者、编辑学校毕业纪念册、把储蓄用来投资、做缝纫活儿、在教会唱诗、在班上表演、驾驶帆船、组织高中毕业舞会和参加学生会。我把这张奖状挂在衣柜上，直到现在我六十多岁了，每天早上起来换衣服时，我还是会看到它！

——桑德拉，63 岁

如果你的父母懂得该如何鼓励并支持一个拥有多面向发展特质的小孩，你的人生会是多么不同？

如果你的高中辅导老师在询问你“长大之后要做什么？你上大学后要主修哪一科”的时候，没有硬说答案只能有一个，你的人生会是多么不同？

如果你的老板知道该如何发挥你对于新奇事物的兴趣，你在工作上会不会变得更有生产力？

如果你的朋友、伴侣和手足，并不期望你找到一件事之后终生奉行不渝，你和他们的关系会不会更好？

如果你对上述问题的回答都是“是”，请你考虑开始自己教育自己，好为其他同样是“丑小鸭”的人减少一点他们人生路上会遇到的障碍。

你可以帮上什么忙

你可以对那些和你相似的人分享你的经历。告诉他们，辨认出自己的多面向发展心灵，是如何改变了你对自己和你对未来生命的看法。

你可以让别人知道有《从三分钟热度到一万个小时》这样一本书和这样一个网站www.RenaissanceSouls.com。我们竭尽所能，向世界展现多面向发展人才的真实面貌，这个网站上提供了有关全美各地相关的伙伴、前辈导师、辅导人员与同侪团体资源。

随着你继续你的人生，不妨与我分享任何你认为也能帮助其他多面向发展人才脱困的见解或实例。你可以上前述网站联络我，我会把你分享的故事或想法通过网站、讲演、研习营和本书新版向外界传播。

你最能做的一件事，就是继续成长、继续改变。当一个具备多面向发展特质的人对于自己的新身份觉得更自在之后，羞耻感便会退去，出现正面的感受。我们主张：“我不想再做一个不像我自己的人！”这样的诚实会对别人发出神奇影响力，让他们也找到勇气大声说：“我要找到方法脱离这种爬阶梯似的狭窄职业生涯。我要培育每一部分的自我。”然后，又有人会勇敢地大声说：“我觉得，真的可以一方面研究针灸，同时写作，而且还设计自己的屋子。至少我认为这样很好！”

当世人逐渐认识了多面向发展的真相，就会有更多人开始知道，接受真实的自己有益于保持心灵清醒、获得幸福感，并发现自己能为世界做出什么贡献。老师们、老板们和身边最亲爱的人们也会开始接受我们追求多种爱好的这种特质，知道我们这样一点都没有错，反而是正确的。我们有权投入各式各样勾起我们热忱的活动，而且不限于一次只能做一件事。

你可以告诉别人："enthusiasm"（热忱）这个英文单词，源于希腊语的"entheos"，意思是"在神里面"。

拥有一颗多面向发展的心灵是上天给的祝福。希望你能向全世界散布你得到的这项祝福。

多面向发展的文艺复兴人才：过去、现在、未来

过去：谭永光（Tam Wing Kwong），出生于19世纪末的中国，几乎会弹奏汉乐乐团里的所有乐器。他还兼有化学家与贸易行老板的身份，并"顺便"撰写了一本中英字典，发明了一种新字体和电报系统。他在20世纪20年代开风气之先，于香港创办了一所结合身心成长的学校——是谁奔走募款使该校成为香港唯一一所免费学校？当然就是这位多才多艺的谭永光！

现在：史蒂夫·约翰（Steve John），核子物理学家、顾问公司董事、国际药厂总经理，并兼华尔街财务公司资深副总。他拥有会计师执照、企业管理硕士头衔和组织发展博士学位。他闲暇时间以驾驶帆船、修复古董车自娱。他未来计划执导一部纪录片，探讨安达信会计师事务所由于安隆案而垮台的事件。

未来：我们家附近一所图书馆在2003年展出了一位中学生汉娜·布拉萨德的诗，诗作旁，配有一张她双手的照片。

手

我是在一张纸上素描的艺术家。
我是投篮的篮球手。
我是七月四日挥舞国旗的美国人。

我是弹奏音符的钢琴家。
我是跃入冰凉池水的勇将。
我是在露水沾湿的草地上冲刺的足球员。

我是庆祝圣帕特里克节的爱尔兰人。
我是从陡坡高速滑下的滑雪手。
我是合唱团歌手。

我是妙笔生花的作家。
我是翻阅书册的读者。
我是天边拱起的彩虹。

——汉娜·布拉萨德